新版

乡村振兴之农村创新创业带头人

蔡利国　朱宏伟　马银燕　主编

中国农业科学技术出版社

图书在版编目（CIP）数据

乡村振兴之农村创新创业带头人／蔡利国，朱宏伟，马银燕主编．—北京：中国农业科学技术出版社，2021.7（2025.3 重印）

ISBN 978-7-5116-5386-4

Ⅰ.①乡…　Ⅱ.①蔡…②朱…③马…　Ⅲ.①农村-创业-研究-中国　Ⅳ.①F324

中国版本图书馆 CIP 数据核字（2021）第 123323 号

责任编辑　白姗姗
责任校对　马广洋
责任印制　姜义伟　王思文

出 版 者　中国农业科学技术出版社
北京市中关村南大街 12 号　邮编：100081
电　　话　(010)82106638(编辑室)　(010)82109702(发行部)
(010)82109709(读者服务部)
传　　真　(010)82106650
网　　址　http://www.castp.cn
经 销 者　各地新华书店
印 刷 者　中煤（北京）印务有限公司
开　　本　850mm×1 168mm　1/32
印　　张　5
字　　数　115 千字
版　　次　2021 年 7 月第 1 版　2025 年 3 月第 9 次印刷
定　　价　36.80 元

《乡村振兴之农村创新创业带头人》

编 委 会

主　编：蔡利国　朱宏伟　马银燕

副主编：刘　敏　郭昌永　吴　昊

姜淑华　孙小霞　唐伟尤

杨　越　吴汉花　徐春明

喻　惟

编　委：程道辉　疏　华

前　言

农业农村部、国家发展改革委等9部门联合发布了《关于深入实施农村创新创业带头人培育行动的意见》。文件提出，到2025年，农村创新创业环境明显改善，创新创业层次显著提升，创新创业队伍不断壮大……农村创新创业带头人达到100万以上。

创新创业是乡村产业振兴的重要动能，人才是创新创业的核心要素。近年来，农村创新创业环境不断改善，涌现了一批农村创新创业带头人，成为引领乡村产业发展的重要力量。

本书以通俗易懂的语言，从乡村振兴和农村创新创业等方面进行了详细介绍，以期帮读者解决实际问题。

由于作者水平有限，书中难免出现欠缺之处，恳请广大读者批评指正。

编　者

2021年4月

目　录

第一章　乡村振兴战略

“十四五”时期，是乘势而上开启全面建设社会主义现代化国家新征程、向第二个百年奋斗目标进军的第一个五年。民族要复兴，乡村必振兴。党中央认为，“三农”工作依然极端重要，须臾不可放松，务必抓紧抓实。要坚持把解决好“三农”问题作为全党工作重中之重，把全面推进乡村振兴作为实现中华民族伟大复兴的一项重大任务，举全党全社会之力加快农业农村现代化，让广大农民过上更加美好的生活。

第一节　乡村振兴，人才先行

全面推进乡村振兴，人才振兴是关键。2021 年 2 月 23 日，中共中央办公厅、国务院办公厅印发了《关于加快推进乡村人才振兴的意见》（以下简称《意见》），并发出通知，要求各地区各部门结合实际认真贯彻落实。

一、人才振兴是全面推进乡村振兴的基础

长期以来，乡村中青年、优质人才持续外流，人才总量不足、结构失衡、素质偏低、老龄化严重等问题较为突出，乡村人才总体发展水平与乡村振兴的要求之间存在较大差距。进入新发展阶段，全面推进乡村振兴，加快农业

农村现代化，乡村人才供求矛盾将更加凸显。加快推进乡村人才振兴，培养造就一支懂农业、爱农村、爱农民的“三农”工作队伍，既是中央部署的工作要求，也是基层实践的迫切需要。

健全乡村人才振兴制度。全面推进乡村振兴是鸿篇巨制，需要各类人才来书写。要健全乡村人才振兴的制度机制，广开进贤之路，广纳天下英才，引导各类人才投身乡村振兴。一是建立健全乡村人才培养、引进、管理、使用、流动、激励等一整套系统完备的政策体系，强化乡村人才振兴的政策保障。二是将分散在不同部门、不同行业的乡村人才工作进行统筹部署，进一步完善组织领导、统筹协调、各负其责、合力推进的工作机制，以更大力度推进乡村人才振兴。三是加强乡村人力资源开发，促进各类人才投身乡村振兴，为全面推进乡村振兴、加快农业农村现代化提供强有力的人才支撑。

突出乡村人才振兴重点。如今，新产业、新业态、新模式不断涌现，对全面推进乡村振兴所需人才数量、质量提出新的更高要求。全面推进乡村振兴，既要充实农村基层干部队伍，还要加强农村专业人才队伍建设，特别是扶持培养一批农业职业经理人、经纪人、乡村工匠等；既要培养科技人才、管理人才，也需要发现、发掘能工巧匠、乡土艺术家；既需要有号召力的带头人、有行动力的追梦人，也需要善经营的“农创客”、懂技术的“田秀才”。在乡村人才培养上，要坚持问题导向，针对基层实践迫切需要，突出重点，对加快培养农业生产经营人才、农村二三产业发展人才、乡村公共服务人才、乡村治理人才、农业农村科技人才进行针对性部署，尽快满足需要。

二、形成乡村人才振兴合力

乡村人才培养的主体多元，涉及面广。要充分发挥各类主体在乡村人才培养中的作用，着力推动形成乡村人才培养的工作合力。一是完善高等教育人才培养体系，全面加强涉农高校耕读教育，深入实施卓越农林人才教育培养计划，建设一批新兴涉农专业，引导综合性高校增设涉农学科专业，加强乡村振兴发展研究院建设。二是加快发展面向农村的职业教育，加强农村职业院校基础能力建设，支持职业院校加强涉农专业建设，培养基层急需的专业技术人才，对农村“两后生”进行技能培训。三是依托各级党校（行政学院）培养基层党组织干部队伍，发挥好党校（行政学院）、干部学院主渠道、主阵地作用，分类分级开展“三农”干部培训，将教育资源延伸覆盖至村和社区。四是充分发挥农业广播电视学校等培训机构作用，支持各类培训机构加强对高素质农民、能工巧匠等本土人才培养，推动农民培训与职业教育有效衔接。五是支持企业参与乡村人才培养，引导农业企业建设实训基地、打造乡村人才孵化基地、建设产学研用协同创新基地。

三、乡村人才振兴，全面推进乡村振兴才有底气

要认真落实《意见》，实行积极有效的人才政策，以识才的慧眼、爱才的诚意、用才的胆识、容才的雅量、聚才的良方，选好人才、育好人才、用好人才，为全面推进乡村振兴提供坚实的人才支撑，使广袤乡村充满勃勃生机，迎来更有希望的发展前景。

第二节　聚力乡风文明，助推乡村振兴

乡风文明建设既要传承发源于乡土、潜藏于乡土的优秀传统文化、富有特色的民间习俗、优秀的家风村风等，还要实现乡村文化与城市文化的交流融合，让乡村居民享受到经济社会发展成果，提升生产生活质量，体会到获得感和幸福感。

党的十九大报告两次提到“乡村振兴战略”，并将它作为决胜全面建成小康社会需要坚定实施的七大战略之一，显示了乡村振兴对于国家总体建设规划的重要性。十九大报告还从“产业兴旺、生态宜居、乡风文明、治理有效、生活富裕”5个方面对乡村振兴做出了总体要求，其中乡风文明贯穿乡村振兴的各个方面，是乡村振兴战略成功的保障。

一、总结经验，注重特色

在乡村振兴战略5个方面的总体要求中，乡风文明有着至关重要的作用。首先，乡风文明能够有效吸引城市要素资源向乡村转移，进而促进产业兴旺。其次，乡风文明为美丽乡村建设提供优良的人文环境，实现生态宜居。再次，乡风文明是治理有效的重要条件和成效体现。最后，乡风文明是生活富裕的重要内涵，生活富裕不仅体现在物质生活的提升方面，也体现在包括乡风文明在内的精神生活的丰富方面。

乡风文明，通俗地讲就是乡村良好社会风气、生活习俗、思维观念和行为方式等的总和。它由自然条件和社会

文化共同作用形成，并在一定时期和一定范围内被人们接受、仿效、传播和流行。乡风文明体现了乡村居民对精神生活和物质生活的追求。新时代的乡风文明也有着新的时代内涵，既传承了家庭和睦、邻里守望、诚实守信等优秀传统文化，也融入了“五位一体”和“五大发展理念”等文明乡风建设的新内容。乡风文明是乡村物质文明、精神文明、政治文明、社会文明和生态文明的综合反映。

我国历来重视乡风文明建设。中华人民共和国成立后，通过社会主义改造和建设，乡村扫除文盲、解放妇女等一系列移风易俗的政策实施，乡村社会进入了新的发展阶段。社会事业的不断进步和社会主义、爱国主义教育的开展，使广大人民的精神生活进入了一个新的阶段，精神文明和乡村风貌均发生了很大变化，也为改革开放后深入开展文明村镇创建评比、加强农村文化建设、发展社会主义新农村奠定了良好的精神和物质基础。进入新时代，中国梦文化进万家、美丽乡村建设、培育社会主义核心价值观等一系列举措丰富了农民的精神文化生活，也体现出乡风文明建设对于乡村经济社会发展的促进作用，为全面建成小康社会夯实基层基础。

在各个历史阶段，各地都形成了开展乡风文明建设的基本经验。一是挖掘和继承优秀的传统文化尤其是民俗文化。从功能上来说，民俗文化就是一个地区人民生产生活和思想观念的反映，也对本地区的人民形成行为约束和基本规范。以民俗文化为代表的传统文化复兴，对乡风文明建设的社会环境起到了积极作用。二是弘扬传统美德尤其是家庭美德，开展以孝道文化等为代表的文明家庭、模范先进评比等，通过家训、家风等传承弘扬。以家庭文明为

基础，夯实文明建设的根基。三是培育各具特色的乡风民风，以社会主义核心价值观教育为中心，在传统美德的基础上，培育具备创新意识和致富本领的新一代农民，促使他们转变为落实乡村振兴战略的建设主体。

乡风文明建设要注重其内涵实质、结合地方特色推动落实，各地也在形式创新、阵地巩固上走出各自特色。如浙江省开展的农村文化礼堂建设，在乡间村里构筑起建设乡风文明、培育新时代乡村文化的阵地，在活动形式上的创新（如模范评比、道德讲堂、家训传承等群众喜闻乐见的文化活动）丰富了农民的精神生活，保护传承了本地特色的传统文化、民俗文化，也通过法律讲堂、技能培训等各类活动推动了城乡文化间的交流。

二、充分利用资源，把握原则

新时代社会发展进入新阶段，从包括浙江在内的各地建设经验来看，为促进乡风文明建设、更有效落实乡村振兴战略，应着重运用好各种资源、把握好几个原则。

（一）充分利用资源

乡风文明建设要运用好要素资源。一是健全投入资金保障制度，综合包括转移支付在内的各类手段，保障财政优先供给、金融服务下沉、社会多元聚力，形成乡风文明建设的资金保障。二是加快推进农村土地制度改革，优先完成农村地权、林权、宅基地和房屋财产权等确权工作，为农村产业发展厘清权属，进一步加强运用绿色资源、创新意识拉动投资，结合区域文化资源，推动地方产业发展，做好乡风文明建设的物质保障。三是打通城乡人才双向对

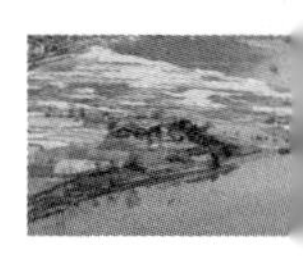

流通道，建立城市人才向农村流动的激励和保障机制，健全完善城市投资者在农村的各项权益，并培育和带动包括退伍军人、返乡农民工、返乡创业大学生等在内的农村内生人才，形成人才储备。

乡风文明建设要运用好时代资源。一是在乡村振兴的大背景下，把乡风文明建设融入乡村振兴战略中，从区域协调发展、城乡融合入手的层面将乡村文化建设设计规划作为重要内容融入多规合一的规划中，提炼出象征村庄乡风文明的文化标识和意涵。二是在创新改革的大背景下，乡风文明建设既要创新文化的表达方式，也要创新文化的内容，提升表达能力。如在村规家训、牌匾楹联、俗语格言等的提炼上，用现代方式去重新提炼传统文化、红色文化中美的部分，这既是对乡村文化的梳理过程，也是与城市文化融合发展的过程。三是在增强文化自信的大背景下，深挖传统文化内涵。中华优秀传统文化源远流长、博大精深，流传至今的文化故事、哲学思想、典章文稿等都是乡风文明的内在宝藏。四是在“两山理论”大发展的背景下，把自然环境整治与人居环境建设融合在一起，培育和践行社会主义核心价值观，开展道德模范、好人好事评选，对好家庭、好邻居、好媳妇、好公婆、“星级文明户”等公开表彰，带动培育崇德向善、争做好人的文明乡风。

乡风文明建设要运用好乡贤资源。一是在职或退休干部等，发挥好他们在促进乡村招商引资、社会治理和文化建设等领域的作用。二是经济能人，运用好他们改善乡村面貌和村民生活的良好愿望和商业经验及渠道资源，还要运用好他们的智慧和创新能力，来促进产业转型发展，促进村民更多参与公共事务。三是文化名人，运用好他们的

文化影响力和表现力，为乡村的传统文化挖掘和传承、讲好新时代故事、带动群众文化生活水平提升等做出贡献。四是大学生村官，运用好他们具备的科学文化知识，促进乡村文化与城市文化的对接、交流、融合，以帮助村民接受新生事物、改变观念、创新生产生活方式等。

（二）着重把握原则

乡风文明建设要把握好切合实际的原则。要避免简单照搬、复制，千村一面并不是真正的乡风文明。要从区域和地域情况、社会人文情况、发展阶段情况等具体实际出发，在具体工作开展上从地方特色出发，因地施策、因人施策，重视乡村内生文明资源，激发乡村主体活力。

把握好有效推进的原则。乡风文明建设不是空中楼阁，它有着具体的工作指标。乡风文明也有时效限制，不同阶段有不同的工作要求。党委和政府作为建设的推动主体，在制定规划计划时必须明确推进乡风文明工作建设的具体考核指标和责任追踪，以形成对基层党员干部的工作要求，激发基层党组织和党员干部的先锋带头作用。同时，也应时刻牢记乡风文明建设的人民性，坚持党相信群众、团结群众、依靠群众的路线，党和政府引领带动进而激发起群众的主体活力才是乡风文明建设的正确路径。

把握好注重借鉴学习的原则。借鉴学习，就是在乡风文明建设进程中，要注重向外学习先进地区的建设经验，同时也避免走弯路。通过学习借鉴，再对照自身区域情况、社会人文情况，总结出适合自身建设发展乡风文明的路子。通过交流、学习，地区之间形成互相帮助、互相促进的机制，同时也有监督工作开展、发现不足的“照镜子”机制。

在经验总结、交流中，也能够依据建设效果、学习体会来评比先进村社、先进乡镇和城乡交流先进典型。

第三节　振兴乡村，要让人居环境美起来

改善农村人居环境，建设美丽宜居乡村，是实施乡村振兴战略的一项重要任务，事关全面建成小康社会，事关广大农民根本福祉，事关社会文明和谐。党的十九大提出“实施乡村振兴战略”，着力解决突出环境问题，开展农村人居环境整治行动。2018 年 1 月，《中共中央　国务院关于实施乡村振兴战略的意见》发布。随即，《农村人居环境整治三年行动方案》印发，全面开展以农村垃圾污水治理、“厕所革命”和村容村貌提升为重点的农村人居环境整治，明确提出农村人居环境整治的相关任务、时限和要求。“乡村”“人居”“治理”等概念在中央涉农政策内容中的提出极具时代的开创性，得到了社会各界对乡村人居环境治理的广泛关注。

一、人居环境状况成乡村振兴短板

改革开放以来，我国“三农”工作取得举世瞩目的成就。然而，在快速工业化、城镇化进程中，乡村一度面临凋敝和衰落的客观事实，工业“三废”持续向农业和农村转移，不少乡村生态环境严重恶化，脏乱差现象普遍。2018 年 9 月，中共中央、国务院印发《乡村振兴战略规划（2018—2022 年）》，明确要按照产业兴旺、生态宜居、乡风文明、治理有效、生活富裕的总体要求，对实施乡村振兴战略做出阶段性谋划。

与乡村振兴的总体要求相比，我国乡村人居环境状况还存在诸多短板。相关数据显示，近 1/4 的农村生活垃圾没有得到收集和处理，使用无害化卫生厕所的农户比例不到一半，80%的村庄生活污水没有得到处理，约 1/3 的行政村村内道路没有实现硬化……行路难、如厕难、环境脏、村容村貌差、基本公共服务落后等问题比较突出，极大地影响了人们的获得感与幸福感。同时，乡村人居环境的地域间发展差距大，质量与水平相差较远，经济与环保发展欠均衡，农户的生态环保意识不强，重建设、轻管理等问题严重影响乡村人居环境状况的整体提升和乡村振兴的实现。

二、乡村人居环境建设离不开"源头活水"

乡村振兴战略实施的地点主要在农村，宜居的农村生态环境和人居环境是推动乡村振兴战略实施的一个关键环节。生态宜居，就是要加强农村资源保护和环境建设，统筹山水林田湖草，保护好绿水青山和清新清净的田园风光。能否解决生态破坏严重、生态灾害频繁等问题，直接关系乡村振兴战略实施的成败，以及人民群众对全面小康的认可度和满意度。

如今，乡村环境保护和人居环境建设更是作为"美丽中国"和"美丽乡村"总体部署的重要组成部分。推进乡村振兴战略实施，加快推进美丽乡村建设，就必须着力解决乡村人居环境问题，大力开展乡村清洁工程，集中开展农村生活垃圾和污水综合治理，建立乡村环境保护和人居环境建设长效机制。

"无农不成村"，乡村振兴战略实施的基础还是农业。

没有农业的大力发展和农业产业的兴旺，就无法调动广大农民从事农业生产的积极性和创造性，形不成现代化的农业产业体系，乡村人居环境建设也就成了无源之水，乡村振兴也就无从谈起。当前，我国正处在传统农业向现代农业转型的关键时期，面对资源约束趋紧的现状，要保障农产品有效供给，促进农民持续较快增收和农业可持续发展，提高农业发展的质量效益和竞争力，就必须走产出高效、产品安全、资源节约、环境友好的农业现代化道路，深入推进农药化肥零增长行动，完善农业废弃物资源化和循环利用，全面加强农业面源污染防治，实施农业节水行动，强化湿地保护和修复，推进轮作休耕，加快形成农业绿色生产方式和现代生态循环农业。

三、改善乡村人居环境要敢于破题

现阶段我国乡村人居环境治理任务既繁重又复杂，推动乡村人居环境治理工作必须充分考虑时代背景、前提条件和相关的隐含假设。在乡村振兴背景下，要有效解决人居环境问题，具有非常大的挑战性。

首先，乡村人居环境整治要设定目标。现阶段我国乡村人居环境整治的目标是坚持和完善中国特色社会主义制度，落实实施乡村振兴战略的总要求。以绿色发展引领生态振兴，统筹山水林田湖草系统治理，加强农村突出环境问题综合治理，建立市场化多元化生态补偿机制，增加农业生态产品和服务供给，实现百姓富、生态美的统一。

其次，乡村人居环境治理要聚焦问题。目前我国农村人居环境整治主要包括农村生活垃圾治理、农村生活污水处理、农村村容村貌提升等内容。在具体实施时，必须发

挥村民的主体作用，让村民充分参与到整治行动当中。同时，中央和地方政府也要提供相应的财政补助和金融支持，鼓励社会企业参与进来，加强对农村人居环境项目建设和运行管理人员的技术培训，多管齐下实施农村人居环境治理。

最后，乡村人居环境整治要突破瓶颈。改善乡村人居环境已成为实现乡村生态振兴必须解决的难点和重点问题，如何破解面临的瓶颈制约，在广阔的乡村舞台找到发展的新支点、新平台和新引擎？可以借鉴一些地方先行先试的探索经验，围绕农业增效、农民增收、农村增绿，支持有条件的乡村加强基础设施、产业支撑、公共服务、环境风貌建设，打造集循环农业、创意农业、农事体验于一体，以空间创新带动产业优化、链条延伸的“田园综合体”，将乡村人居环境整治纳入乡村振兴战略的全过程，在实现乡村“三产”融合和乡村“三生”（生产、生活和生态）一体化推进格局的同时，积极推动乡村经济社会全面发展的新模式、新业态、新路径。

三、实施农村人居环境整治提升五年行动

分类有序推进农村厕所革命，加快研发干旱、寒冷地区卫生厕所适用技术和产品，加强中西部地区农村户用厕所改造。统筹农村改厕和污水、黑臭水体治理，因地制宜建设污水处理设施。健全农村生活垃圾收运处置体系，推进源头分类减量、资源化处理利用，建设一批有机废弃物综合处置利用设施。健全农村人居环境设施管护机制。有条件的地区推广城乡环卫一体化第三方治理。深入推进村庄清洁和绿化行动。开展美丽宜居村庄和美丽庭院示范创

建活动。

第四节　加快推进农业现代化

一、提升粮食和重要农产品供给保障能力

地方各级党委和政府要切实扛起粮食安全政治责任，实行粮食安全党政同责。深入实施重要农产品保障战略，完善粮食安全省长责任制和“菜篮子”市长负责制，确保粮、棉、油、糖、肉等供给安全。“十四五”时期各省（自治区、直辖市）要稳定粮食播种面积、提高单产水平。加强粮食生产功能区和重要农产品生产保护区建设。建设国家粮食安全产业带。稳定种粮农民补贴，让种粮有合理收益。坚持并完善稻谷、小麦最低收购价政策，完善玉米、大豆生产者补贴政策。深入推进农业结构调整，推动品种培优、品质提升、品牌打造和标准化生产。鼓励发展青贮玉米等优质饲草饲料，稳定大豆生产，多措并举发展油菜、花生等油料作物。健全产粮大县支持政策体系。扩大稻谷、小麦、玉米三大粮食作物完全成本保险和收入保险试点范围，支持有条件的省份降低产粮大县三大粮食作物农业保险保费县级补贴比例。深入推进优质粮食工程。加快构建现代养殖体系，保护生猪基础产能，健全生猪产业平稳有序发展长效机制，积极发展牛羊产业，继续实施奶业振兴行动，推进水产绿色健康养殖。推进渔港建设和管理改革。促进木本粮油和林下经济发展。优化农产品贸易布局，实施农产品进口多元化战略，支持企业融入全球农产品供应链。保持打击重点农产品走私高压态势。加强口岸检疫和

外来入侵物种防控。开展粮食节约行动，减少生产、流通、加工、存储、消费环节粮食损耗浪费。

二、打好种业翻身仗

农业现代化，种子是基础。加强农业种质资源保护开发利用，加快第三次农作物种质资源、畜禽种质资源调查收集，加强国家作物、畜禽和海洋渔业生物种质资源库建设。对育种基础性研究以及重点育种项目给予长期稳定支持。加快实施农业生物育种重大科技项目。深入实施农作物和畜禽良种联合攻关。实施新一轮畜禽遗传改良计划和现代种业提升工程。尊重科学、严格监管，有序推进生物育种产业化应用。加强育种领域知识产权保护。支持种业龙头企业建立健全商业化育种体系，加快建设南繁硅谷，加强制种基地和良种繁育体系建设，研究重大品种研发与推广后补助政策，促进育繁推一体化发展。

三、坚决守住18亿亩*耕地红线

统筹布局生态、农业、城镇等功能空间，科学划定各类空间管控边界，严格实行土地用途管制。采取“长牙齿”的措施，落实最严格的耕地保护制度。严禁违规占用耕地和违背自然规律绿化造林、挖湖造景，严格控制非农建设占用耕地，深入推进农村乱占耕地建房专项整治行动，坚决遏制耕地“非农化”、防止“非粮化”。明确耕地利用优先序，永久基本农田重点用于粮食特别是口粮生产，一般耕地主要用于粮食和棉、油、糖、蔬菜等农产品及饲草饲

---

* 1亩≈667平方米，全书同

料生产。明确耕地和永久基本农田不同的管制目标和管制强度，严格控制耕地转为林地、园地等其他类型农用地，强化土地流转用途监管，确保耕地数量不减少、质量有提高。实施新一轮高标准农田建设规划，提高建设标准和质量，健全管护机制，多渠道筹集建设资金，中央和地方共同加大粮食主产区高标准农田建设投入，2021 年建设 1 亿亩旱涝保收、高产稳产高标准农田。在高标准农田建设中增加的耕地作为占补平衡补充耕地指标在省域内调剂，所得收益用于高标准农田建设。加强和改进建设占用耕地占补平衡管理，严格新增耕地核实认定和监管。

四、强化现代农业科技和物质装备支撑

实施大中型灌区续建配套和现代化改造。到 2025 年全部完成现有病险水库除险加固。坚持农业科技自立自强，完善农业科技领域基础研究稳定支持机制，深化体制改革，布局建设一批创新基地平台。深入开展乡村振兴科技支撑行动。支持高校为乡村振兴提供智力服务。加强农业科技社会化服务体系建设，深入推行科技特派员制度。打造国家热带农业科学中心。提高农机装备自主研制能力，支持高端智能、丘陵山区农机装备研发制造，加大购置补贴力度，开展农机作业补贴。强化动物防疫和农作物病虫害防治体系建设，提升防控能力。

五、构建现代乡村产业体系

依托乡村特色优势资源，打造农业全产业链，把产业链主体留在县城，让农民更多分享产业增值收益。加快健全现代农业全产业链标准体系，推动新型农业经营主体按

标生产，培育农业龙头企业标准“领跑者”。立足县域布局特色农产品产地初加工和精深加工，建设现代农业产业园、农业产业强镇、优势特色产业集群。推进公益性农产品市场和农产品流通骨干网络建设。开发休闲农业和乡村旅游精品线路，完善配套设施。推进农村一二三产业融合发展示范园和科技示范园区建设。把农业现代化示范区作为推进农业现代化的重要抓手，围绕提高农业产业体系、生产体系、经营体系现代化水平，建立指标体系，加强资源整合、政策集成，以县（市、区）为单位开展创建，到2025年创建500个左右示范区，形成梯次推进农业现代化的格局。创建现代林业产业示范区。组织开展“万企兴万村”行动。稳步推进反映全产业链价值的农业及相关产业统计核算。

六、推进农业绿色发展

实施国家黑土地保护工程，推广保护性耕作模式。健全耕地休耕轮作制度。持续推进化肥农药减量增效，推广农作物病虫害绿色防控产品和技术。加强畜禽粪污资源化利用。全面实施秸秆综合利用和农膜、农药包装物回收行动，加强可降解农膜研发推广。在长江经济带、黄河流域建设一批农业面源污染综合治理示范县。支持国家农业绿色发展先行区建设。加强农产品质量和食品安全监管，发展绿色农产品、有机农产品和地理标志农产品，试行食用农产品达标合格证制度，推进国家农产品质量安全县创建。加强水生生物资源养护，推进以长江为重点的渔政执法能力建设，确保十年禁渔令有效落实，做好退捕渔民安置保障工作。发展节水农业和旱作农业。推进荒漠化、石漠化、

坡耕地水土流失综合治理和土壤污染防治、重点区域地下水保护与超采治理。实施水系连通及农村水系综合整治，强化河湖长制。巩固退耕还林还草成果，完善政策、有序推进。实行林长制。科学开展大规模国土绿化行动。完善草原生态保护补助奖励政策，全面推进草原禁牧轮牧休牧，加强草原鼠害防治，稳步恢复草原生态环境。

七、推进现代农业经营体系建设

突出抓好家庭农场和农民合作社两类经营主体，鼓励发展多种形式适度规模经营。实施家庭农场培育计划，把农业规模经营户培育成有活力的家庭农场。推进农民合作社质量提升，加大对运行规范的农民合作社扶持力度。发展壮大农业专业化社会化服务组织，将先进适用的品种、投入品、技术、装备导入小农户。支持市场主体建设区域性农业全产业链综合服务中心。支持农业产业化龙头企业创新发展、做大做强。深化供销合作社综合改革，开展生产、供销、信用“三位一体”综合合作试点，健全服务农民生产生活综合平台。培育高素质农民，组织参加技能评价、学历教育，设立专门面向农民的技能大赛。吸引城市各方面人才到农村创业创新，参与乡村振兴和现代农业建设。

第五节　大力实施乡村建设行动

一、加快推进村庄规划工作

2021 年基本完成县级国土空间规划编制，明确村庄布局分类。积极有序推进“多规合一”实用性村庄规划编制，

对有条件、有需求的村庄尽快实现村庄规划全覆盖。对暂时没有编制规划的村庄，严格按照县乡两级国土空间规划中确定的用途管制和建设管理要求进行建设。编制村庄规划要立足现有基础，保留乡村特色风貌，不搞大拆大建。按照规划有序开展各项建设，严肃查处违规乱建行为。健全农房建设质量安全法律法规和监管体制，3 年内完成安全隐患排查整治。完善建设标准和规范，提高农房设计水平和建设质量。继续实施农村危房改造和地震高烈度设防地区农房抗震改造。加强村庄风貌引导，保护传统村落、传统民居和历史文化名村名镇。加大农村地区文化遗产遗迹保护力度。乡村建设是为农民而建，要因地制宜、稳扎稳打，不刮风搞运动。严格规范村庄撤并，不得违背农民意愿、强迫农民上楼，把好事办好、把实事办实。

二、加强乡村公共基础设施建设

继续把公共基础设施建设的重点放在农村，着力推进往村覆盖、往户延伸。实施农村道路畅通工程。有序实施较大人口规模自然村（组）通硬化路。加强农村资源路、产业路、旅游路和村内主干道建设。推进农村公路建设项目更多向进村入户倾斜。继续通过中央车购税补助地方资金、成品油税费改革转移支付、地方政府债券等渠道，按规定支持农村道路发展。继续开展“四好农村路”示范创建。全面实施路长制。开展城乡交通一体化示范创建工作。加强农村道路桥梁安全隐患排查，落实管养主体责任。强化农村道路交通安全监管。实施农村供水保障工程。加强中小型水库等稳定水源工程建设和水源保护，实施规模化供水工程建设和小型工程标准化改造，有条件的地区推进

城乡供水一体化，到 2025 年农村自来水普及率达到 88%。完善农村水价水费形成机制和工程长效运营机制。实施乡村清洁能源建设工程。加大农村电网建设力度，全面巩固提升农村电力保障水平。推进燃气下乡，支持建设安全可靠的乡村储气罐站和微管网供气系统。发展农村生物质能源。加强煤炭清洁化利用。实施数字乡村建设发展工程。推动农村千兆光网、第五代移动通信（5G）、移动物联网与城市同步规划建设。完善电信普遍服务补偿机制，支持农村及偏远地区信息通信基础设施建设。加快建设农业农村遥感卫星等天基设施。发展智慧农业，建立农业农村大数据体系，推动新一代信息技术与农业生产经营深度融合。完善农业气象综合监测网络，提升农业气象灾害防范能力。加强乡村公共服务、社会治理等数字化智能化建设。实施村级综合服务设施提升工程。加强村级客运站点、文化体育、公共照明等服务设施建设。

三、提升农村基本公共服务水平

建立城乡公共资源均衡配置机制，强化农村基本公共服务供给县乡村统筹，逐步实现标准统一、制度并轨。提高农村教育质量，多渠道增加农村普惠性学前教育资源供给，继续改善乡镇寄宿制学校办学条件，保留并办好必要的乡村小规模学校，在县城和中心镇新建改扩建一批高中和中等职业学校。完善农村特殊教育保障机制。推进县域内义务教育学校校长教师交流轮岗，支持建设城乡学校共同体。面向农民就业创业需求，发展职业技术教育与技能培训，建设一批产教融合基地。开展耕读教育。加快发展面向乡村的网络教育。加大涉农高校、涉农职业院校、涉

农学科专业建设力度。全面推进健康乡村建设，提升村卫生室标准化建设和健康管理水平，推动乡村医生向执业（助理）医师转变，采取派驻、巡诊等方式提高基层卫生服务水平。提升乡镇卫生院医疗服务能力，选建一批中心卫生院。加强县级医院建设，持续提升县级疾控机构应对重大疫情及突发公共卫生事件能力。加强县域紧密型医共体建设，实行医保总额预算管理。加强妇幼、老年人、残疾人等重点人群健康服务。健全统筹城乡的就业政策和服务体系，推动公共就业服务机构向乡村延伸。深入实施新生代农民工职业技能提升计划。完善统一的城乡居民基本医疗保险制度，合理提高政府补助标准和个人缴费标准，健全重大疾病医疗保险和救助制度。落实城乡居民基本养老保险待遇确定和正常调整机制。推进城乡低保制度统筹发展，逐步提高特困人员供养服务质量。加强对农村留守儿童和妇女、老年人以及困境儿童的关爱服务。健全县乡村衔接的三级养老服务网络，推动村级幸福院、日间照料中心等养老服务设施建设，发展农村普惠型养老服务和互助性养老。推进农村公益性殡葬设施建设。推进城乡公共文化服务体系一体建设，创新实施文化惠民工程。

四、全面促进农村消费

加快完善县乡村三级农村物流体系，改造提升农村寄递物流基础设施，深入推进电子商务进农村和农产品出村进城，推动城乡生产与消费有效对接。促进农村居民耐用消费品更新换代。加快实施农产品仓储保鲜冷链物流设施建设工程，推进田头小型仓储保鲜冷链设施、产地低温直销配送中心、国家骨干冷链物流基地建设。完善农村生活

性服务业支持政策，发展线上线下相结合的服务网点，推动便利化、精细化、品质化发展，满足农村居民消费升级需要，吸引城市居民下乡消费。

五、加快县域内城乡融合发展

推进以人为核心的新型城镇化，促进大中小城市和小城镇协调发展。把县域作为城乡融合发展的重要切入点，强化统筹谋划和顶层设计，破除城乡分割的体制弊端，加快打通城乡要素平等交换、双向流动的制度性通道。统筹县域产业、基础设施、公共服务、基本农田、生态保护、城镇开发、村落分布等空间布局，强化县城综合服务能力，把乡镇建设成为服务农民的区域中心，实现县乡村功能衔接互补。壮大县域经济，承接适宜产业转移，培育支柱产业。加快小城镇发展，完善基础设施和公共服务，发挥小城镇连接城市、服务乡村作用。推进以县城为重要载体的城镇化建设，有条件的地区按照小城市标准建设县城。积极推进扩权强镇，规划建设一批重点镇。开展乡村全域土地综合整治试点。推动在县域就业的农民工就地市民化，增加适应进城农民刚性需求的住房供给。鼓励地方建设返乡入乡创业园和孵化实训基地。

六、强化农业农村优先发展投入保障

继续把农业农村作为一般公共预算优先保障领域。中央预算内投资进一步向农业农村倾斜。制定落实提高土地出让收益用于农业农村比例考核办法，确保按规定提高用于农业农村的比例。各地区各部门要进一步完善涉农资金统筹整合长效机制。支持地方政府发行一般债券和专项债

券用于现代农业设施建设和乡村建设行动，制定出台操作指引，做好高质量项目储备工作。发挥财政投入引领作用，支持以市场化方式设立乡村振兴基金，撬动金融资本、社会力量参与，重点支持乡村产业发展。坚持为农服务宗旨，持续深化农村金融改革。运用支农支小再贷款、再贴现等政策工具，实施最优惠的存款准备金率，加大对机构法人在县域、业务在县域的金融机构的支持力度，推动农村金融机构回归本源。鼓励银行业金融机构建立服务乡村振兴的内设机构。明确地方政府监管和风险处置责任，稳妥规范开展农民合作社内部信用合作试点。保持农村信用合作社等县域农村金融机构法人地位和数量总体稳定，做好监督管理、风险化解、深化改革工作。完善涉农金融机构治理结构和内控机制，强化金融监管部门的监管责任。支持市县构建域内共享的涉农信用信息数据库，用 3 年时间基本建成比较完善的新型农业经营主体信用体系。发展农村数字普惠金融。大力开展农户小额信用贷款、保单质押贷款、农机具和大棚设施抵押贷款业务。鼓励开发专属金融产品支持新型农业经营主体和农村新产业新业态，增加首贷、信用贷。加大对农业农村基础设施投融资的中长期信贷支持。加强对农业信贷担保放大倍数的量化考核，提高农业信贷担保规模。将地方优势特色农产品保险以奖代补做法逐步扩大到全国。健全农业再保险制度。发挥“保险+期货”在服务乡村产业发展中的作用。

七、深入推进农村改革

完善农村产权制度和要素市场化配置机制，充分激发农村发展内生动力。坚持农村土地农民集体所有制不动摇，

坚持家庭承包经营基础性地位不动摇，有序开展第二轮土地承包到期后再延长30年试点，保持农村土地承包关系稳定并长久不变，健全土地经营权流转服务体系。积极探索实施农村集体经营性建设用地入市制度。完善盘活农村存量建设用地政策，实行负面清单管理，优先保障乡村产业发展、乡村建设用地。根据乡村休闲观光等产业分散布局的实际需要，探索灵活多样的供地新方式。加强宅基地管理，稳慎推进农村宅基地制度改革试点，探索宅基地所有权、资格权、使用权分置有效实现形式。规范开展房地一体宅基地日常登记颁证工作。规范开展城乡建设用地增减挂钩，完善审批实施程序、节余指标调剂及收益分配机制。2021年基本完成农村集体产权制度改革阶段性任务，发展壮大新型农村集体经济。保障进城落户农民土地承包权、宅基地使用权、集体收益分配权，研究制定依法自愿有偿转让的具体办法。加强农村产权流转交易和管理信息网络平台建设，提供综合性交易服务。加快农业综合行政执法信息化建设。深入推进农业水价综合改革。继续深化农村集体林权制度改革。

第二章　大力培育农村创新创业带头人

第一节　推进“双创”的必然选择及发展特征

一、推进大众创业、万众创新，是社会发展新动力的必然选择

推进大众创业、万众创新，是培育和催生经济社会发展新动力的必然选择，是扩大就业、实现富民之路的根本举措，是激发全社会创新潜能和创业活力的有效途径。

和之前的农村创业潮相比，近年来农村“双创”呈现出和以往农村创业明显不同的发展特征与趋势。作为国家“双创”的重要组成部分，农村“双创”正逐渐成为我国农村经济社会转型升级发展的新引擎。

二、我国农村“双创”呈现出“三化”发展特征

第一，“双创”主体结构的多元化。和以往农村创业相比，本轮农村“双创”在参与主体上呈现出显著的多元化特征。地方农村能人是早期农村创业的主要创业群体，他们的创业行为被很多学者称为“草根创业”。当前，农村“双创”的参与主体已不再限于农民本身，越来越多不同身份背景的创业者投身农村、投资农业，逐渐形成了一个结

构多元化的农村创新创业群体。在这一群体中，既有当地农民、返乡农民工等农村居民，也有科技特派员、大学生村官等城市知识“精英”，近年来还涌现出许多通过“互联网+”的方式在现代农业领域开展创新创业的“新农人”。参与主体结构的多元化特征在一定程度上反映出当前农村“双创”不仅对农民就业有帮助，而且是一项吸引人才的事业。创新创业人才的集聚将能够有效地促进农村经济的转型升级。

第二，“双创”模式的“互联网+”化。本次国家“双创”与前几次创业大潮相比，最大的特点是以“互联网+”为主要创业模式，主要表现为初创企业大都集中在“互联网+”领域，许多企业的创新活动也都是基于互联网而展开的。

第三，“双创”导向的绿色化。近年来农村“双创”在创业导向上表现出明显的绿色化特征。以新农人主体为例，他们在创新创业中非常关注食品安全和生态环境保护。和更多希望从投资农业中获利的投资者不同，新农人是坚持发展生态农业并自觉维护生态和谐、以生产和流通安全食品为己任的农业从业者。他们将生态农业种植养殖技术、水质土壤改良技术等新技术应用于农业生产，构建现代化食品安全溯源系统，致力于为消费者提供安全放心的农产品，推动农村生态环境保护，实现现代农业的可持续发展。

第二节　农村创新创业带头人

农村创新创业带头人是创业活动的策划者、推动者、组织者和执行者。在创业活动中，农村创新创业带头人具有高

度能动性，能够适应市场环境变化需求，通过有效的资源配置整合，创造新产品、培育新市场、发展新产业。农村创新创业从主体上讲，有“外生”和“内生”之分。“外生”是指具备一定技术和资本的创业者，通过劳动成果转移转化或整合大量社会资源的一种自上而下创业模式，这类创业的代表主要为科技特派员；“内生”是指利用已有资本和市场条件变化的一种自下而上的创业模式，这类创业的代表为乡土人才和返乡农民工。

一、返乡农民工

农民工返乡创新创业，是破解我国当前城市发展与农村发展双重难题的有效途径，是推进大众创业、万众创新，打开城乡统筹协调发展新局面，促就业、增收入，助推精准扶贫和全面建成小康社会的重要保障。目前，针对农民工返乡创业的研究主要集中在创业缘由、创业效益和创业影响 3 个方面。

关于创业缘由。打工是创业的前提，没有外出打工就没有返乡创业，打工的经历影响着创业行为，而物质资本和人力资本的积累，包括资金、技术、信息、阅历、企业家精神等，则是返乡创业的决定因素。在实践过程中具体表现为自身的人力资本的提升、带回的工资、带回市场信息或销售渠道等。农民工在“打工”过程中积累了经济资本、人力资本和社会资本等，为其创业做好了准备。从返乡农民工所具备的创业资本角度来看，虽然在大都市中，农民工所获得的现代性很难发挥作用，甚至连适应现代城市生活都有着一定的困难，而返回乡村后，由于众多因素的影响，获得的现代性则成了创业的资本。

以返乡创业者为领头羊带动城镇经济的繁荣，进而有助于农村经济结构调整，改变农村比较单一的种植结构，提升农村产业结构，推进农村产业的合理分工和农业产业集群的发展，走非农化道路。特别是农民工返乡创业，一方面移植沿海有市场需要的劳动密集型产业，另一方面结合当地资源，开发特色产品，提升传统产业。

关于创业影响。创业是一种人力资本投资，也是返乡农民工对高层次发展的追求，以此促进了农民身份的转换，加速了农民现代素质的积累。返乡下乡人员创新创业是大众创业、万众创新的重要组成部分，是继乡镇企业异军突起之后农村的又一次创新创业浪潮，是推动农业农村经济发展的新动能。

二、大学生

大学生农村创业集中在种植业和养殖业环节，而从事农产品加工业和制造业的相对较少。主要原因是：大学生通过4年的高等教育，具备专业的种植、养殖技术知识；与农业其他环节相比，生产环节所需的投资额较少且风险低，可实施性较强，适合大学生开发创业项目。

政府在推动大学生到农村创业中的职能是能够创建良好创业环境，包括：统筹城乡发展，重构农村公共物品供给制度，缩小城乡差别，吸引优秀人才向农村流动；构建大学生到农村创业的融资体系；优化大学生农村创业的政策环境；营造接纳、欢迎大学生到农村创业的人文环境。

第三章　创新创业工程

第一节　农业高新技术产业创新创业工程

一、加快完善农业高新技术领域相关基础理论和技术研发体系

一方面，制定短期和中长期农业高新技术产业发展规划，布局谋划与农业高新技术发展相关若干重点专项，推动专门针对农业高新技术相关基础理论与关键技术的研究，以高新技术引领农业不断抢占现代农业制高点。另一方面，农业高校适当增设与信息技术、流通物流、市场营销等学科交叉融合的学院或系别，培养掌握农业相关高新技术的专业人才，从学科设置入手推动培养农业高新技术人才和一二三产融合创新人才。

二、以人为本，营养健康贯穿农业高新技术产业发展始终

营养健康是反映食品高质量的重要指标，也关乎广大人民群众实际需要和切身利益。富集高新技术的食品生产加工产业应从产品原料生产、产品加工制造和营养健康服务三大环节入手，大力开展营养健康科技创新。一是开展

农产品原料生产科技创新，加快发展现代农作物、畜禽、水产、林木种业，提升种质资源自主创新能力，提高绿色生态农产品生产能力。二是围绕大健康产业发展，创新食品加工制造新工艺，研究开发休闲食品类、功能食品与特医食品等产品类别的新型营养健康产品，满足广大人民群众吃得营养、吃得健康、吃得美味的食品诉求。三是支持一批有文化、有头脑、有意识的个体农户或规模化经营企业以农业生产为基础向多元化经营延伸，创新经营模式，发展营养健康服务业，大幅提高农业产业附加值，走出一条营养健康的农业高质量发展之路，实现供给优化和农民增收双目标。

三、以高新技术为抓手，实现小农户与现代农业有机衔接

一是加大农村新业态培育，以信息化手段融合发展休闲农业、乡村旅游、食品加工物流、电子商务等新产业，进一步延长农业产业链和价值链，让小农户分享更多产业链利润。二是统筹兼顾小农户与规模化农业生产，加强科研机构与设备制造企业联合攻关，开发针对小农户的小微型科技集成度高的新型农户应用装备，在国家财政层面继续加大开展农机惠农补贴制度，提高小农户机械化装备水平和单位劳动生产力水平。三是构建信息沟通服务平台，提高农业产业效率，打通供销渠道，把小农生产引入现代农业发展轨道。

四、加大人才和平台建设，构建农业高新技术产业发展新格局

人才和平台是农业高新技术产业发展的根本与保障。一是鼓励引进培养农业高新技术人才，使其成为推动农业产业兴旺的创新主体。完善科技特派员制度。将科技特派员作为小农户与现代农业有机融合的服务主体，将科技特派员服务生产一线范围扩展至农业高新技术应用推广。二是建设一批农业高新技术产业示范区，构建农业高新技术创新集群，带动农业高新技术全产业链发展，形成区域农业创新发展的创新高地、人才高地。三是整合科技创新资源，建立专门推进农业高新技术产业发展联盟、“星创天地”，建立起农业高新技术研发生产、创新创业、面向市场的桥梁纽带和服务平台。

第二节　农业新业态培育创新创业工程

农业新业态是农业和不同产业融合发展，通过产业间交叉技术融合，推动产业间竞争与合作的新主体。由于不同产业间的交叉融合，赋予农业新业态在技术方面拥有更大优势，而培育农业新业态，是破解供给过剩和供给不足同时存在、提供新动能、创造新需求、全面提升要素生产效率的重要途径，亟须政策和资金支持。

一、促进农业和物流业融合，构建智慧物流体系

促进供需融合，提升供给效率，培育信息农业新业态。一是围绕农产品城市消费端和农村供给端间的供给消费结

构性不匹配，构建农产品供给和消费信息体系，完善城乡间农产品消费和供给两端信息农业新业态培育支撑条件。搭建农产品流通价格、生产成本、作物农情、天气变化等多位一体的基础信息平台。二是解决农村供给端不能及时顺应城市消费端消费结构、体量、消费者需求不断变化的问题，建立以消费需求为决策基础，供给端和消费端协同调控农产品生产品种和生产产能的沟通联动机制，为信息农业新业态提供生长土壤。三是依托科技特派员制度，为信息农业新业态提供人才支持，优化提升信息农业新业态自我升级和更新能力。

促进区域协同，提升流通效率，培育跨省运力调配智能平台新业态。一是创制低成本省际农产品运输流通信息采集办法，云集省际农产品流通数据，特别是典型区域、典型农产品品种流通信息，为省际运力调配提供基础数据支撑条件。二是规范省际农产品运输流通工具标准，以降低流通对农产品品质影响为目标，升级农产品保鲜技术，降低流通过程能耗成本，缓解环境压力，为跨省农产品流通运力主体提供物质基础保障。三是开发数据处理新方法和新模型，提升计算技术自身学习能力和预测能力，为培育智能调配平台新业态提供有力的关键技术支持。

强化全球市场配置，培育大宗农产品期货研究新业态，构建覆盖大宗农产品主要进出口国家的信息网络，对大宗农产品主要进出口国家的农产品需求和农产品生产情况进行实时跟踪，翔实准确掌握相关信息。开发期货交易信息自采集和归类分析数据处理系统，追踪交易数据。

二、促进农业和健康管理相融合，构建定制农业技术体系

依托健康管理发展农业定制化需求。一是通过使用健康管理获得的个人健康数据和营养需求相关联，将普通营养供给升级为定制精准供给，为培育农业定制生产新业态提供需求保障。二是通过健康管理将功能性食品需求数据化，为农业定制生产新业态发展提供目标导向。三是通过和健康管理相融合，实现了定制化农业产品的需求端和供给端直通，减少流通环节，降低流通成本，为培育农业定制生产新业态发展提供渠道支持。

发展定制育种，优化定制供给，提升农业定制生产新业态供给能力。一是发展功能成分含量更高的定制育种，满足健康管理对功能性成分的供给诉求。二是发展营养功能成分结构更易消化吸收的定制育种，满足健康管理中对消化性能的供给诉求。三是开发含有新品类功能成分的定制育种，拓展健康管理营养供给解决方案。

发展新型食品加工技术，拓展食品定制加工新业态能力边界。大力发展食品 3D 打印装备和食品打印材料，拓展食品 3D 打印应用场景，优化打印食品口感风味。突破食品打印材料限制，拓展食品打印材料品类和颜色，促进精准营养搭配和快速 3D 打印完美结合。

三、促进农业军民融合，培育特殊用途食品加工新业态

贯彻落实军民融合发展战略，深入推进农业与食品领域军民融合发展。一是推动军用技术转民用，释放高海拔、

高体能消耗、长期封闭等特殊条件下的军用特种食品加工技术，以满足民用特殊用途食品需求，为培育特殊用途食品加工新业态提供发展契机。二是推动军用服务市场化采购，扩大军用食品加工制造供给主体数量，允许民间生产主体承接军用特殊食品生产制造任务，释放军用食品采购市场需求，为培育特殊用途食品加工新业态提供市场基础。三是优化军用食品风味和配方设计，集中开展在超长储存期条件下，食品风味和配方改良开发及新食品风味和配方产品设计开发，丰富军用食品风味和配方种类，为培育特殊用途食品加工新业态提供技术储备。

第三节　绿色生态兴农创新创业工程

近年来，随着绿色生态理念深入人心，农业农村依靠高投入、高消耗的传统发展方式难以为继，而环境绿色化、产品绿色化已成为推进乡村绿色发展的重要引擎。目前，我国农业农村应紧紧围绕“循环农业、生态农业、绿色乡村”等主题，以保障生态安全等为重点，运用现代化的技术和管理方式，把“生态+”理论和创新成果融入农业生产实践中，努力打造人与自然和谐共生发展新格局，为实现乡村振兴提供动力支撑。

一、推行绿色生产方式，增强农业可持续发展能力

一是大力推进肥药减量使用。推进化肥和农药零增长行动，完善科学施肥技术指标体系，实施精确施肥，积极推广测土配方施肥，引导使用有机肥，适度恢复绿肥种植，推进新型肥料产品研发与推广，集成推广化肥机械深施、

机械追肥、种肥同播、水肥一体化等技术，提高肥料利用率，切实减少化学肥料施用；推进绿色防控，推广物理防治、生物防治等绿色防控技术，大力推广应用生物农药、高效低毒低残留农药，开展专业化统防统治，推行精准科学施药，建立绿色防控技术示范。二是大力提升农业标准化水平。要坚持以绿色生态为导向，加强农产品源头管理，大力推进农业标准化生产和全程质量控制，清理、废止与农业绿色发展不相适应的标准；通过构建系列农产品标准及监管体系，健全完善畜禽屠宰、畜禽粪污综合利用、农膜回收等行业标准；开展标准实施大培训，推行统防统治、绿色防控、配方施肥、健康养殖和高效低毒农兽药使用等标准化生产技术，推动新型经营主体率先实行按标生产，通过“公司+农户”“合作社+农户”等多种规模经营方式，带动千家万户走上规范生产轨道。三是大力发展现代生态循环农业。从农业生产源头、农业生产过程到农业废弃物资源化利用的全过程，实现产业间的种养平衡、资源循环发展和有机耦合，完善生态循环体系；积极推广新型的生态高效循环农业模式，鼓励发展农牧结合的复合型家庭农场、合作组织、龙头企业和产业园区，培育种养结合型的循环农业试点；抓好农业废弃物综合治理及利用，鼓励各地加大农作物秸秆综合利用支持力度，建立秸秆禁烧管理新模式，推进秸秆综合利用研发，提高其利用率，推动废弃物利用的转型升级；抓好养殖业清洁化生产，加快规模化畜禽养殖场整改步伐，建设畜禽养殖废弃物无害化处理和综合利用等设施，提高畜禽养殖污染综合利用水平。

二、大力营造绿色生态环境，力促一二三产业融合发展

一是实施农业农村生态环境综合治理工程。加强农业面源污染防治，实现投入品减量化、生产清洁化、废弃物资源化、产业模式生态化；加强农村水环境治理和农村饮用水水源保护，实施农村生态清洁小流域建设，开展饮用水水质提升与污水处理，建立环境水质监测系统平台，严禁工业和城镇污染向农业农村转移；实施重要生态系统保护和修复工程，健全耕地、草原、森林、河湖休养生息制度，强化湿地保护和恢复；深入开展农村人居环境治理，研究部署基于厕所污染物的生态链工程，开展农村生活垃圾处理与高值化利用，实施农业农村绿化行动，营造美丽的绿色生态环境。二是增加农业生态产品和服务供给。正确处理开发与保护的关系，将乡村生态优势转化为发展生态经济的优势，提供更多更好的绿色生态产品和服务，促进生态和经济良性循环；加快发展森林草原旅游、河湖湿地观光、冰雪海上运动、野生动物驯养观赏等产业，积极开发观光农业、游憩休闲、健康养生、生态教育等服务；创建一批特色生态旅游示范村镇和精品线路，打造绿色生态环保的乡村生态旅游产业链，促进一二三产业的融合发展。

三、健全生态保护体系及生态补偿机制

一是完善落实农业农村生态环境保护制度体系。要强化农田土壤污染源头防控，建立健全覆盖全省永久基本农田的土壤污染监测预警体系；划定特色产业空间和生态资

源空间保护红线，实施生态资源保护与提升行动，改变开发强度过大、利用方式粗放的状况；加强农村环境监管能力建设，落实县乡两级农村环境保护主体责任，防治农业环境污染；坚决制止过度消耗资源、滥用化学投入物和随意焚烧秸秆等行为；建立集中清除田园积存垃圾、整治农业废弃物、农药废弃包装物回收处置机制。二是建立市场化多元化的生态补偿机制。落实农业功能区制度，加大重点生态功能区转移支付力度，完善生态保护成效与资金分配挂钩的激励约束机制；健全地区间、流域上下游之间横向生态保护补偿机制，探索建立生态产品购买、森林碳汇等市场化补偿制度；在严格执行资源保护法律法规的基础上，探索更为有效的退耕还林、还草、还湿补贴政策；通过补贴调节高耗水农作物种植，建立农业节水奖补机制；开展化肥减量增效、农药减量控害、有机肥增施、秸秆资源化利用、农膜回收再利用等补贴，推动农业废弃物资源化利用无害化处理。综合运用补贴、奖励、信贷财政贴息、保险保费优惠等手段，加大对新型经营主体的扶持，提升农业生产标准化水平和可持续发展。

第四节　智慧农业创新创业工程

大数据、物联网、云计算、移动互联、机器人等高新技术正深刻地影响和改变着人们的生活，农业生产、经营、管理、政务方式也正在发生深刻的变革。智慧农业创新工程实施是全面贯彻创新、协调、绿色、开放、共享发展理念的需要，是提高中国农业和农产品国际竞争力的需要。

智慧农业创新工程以改造传统农业为目标，重点突破

一批智慧农业基础性和瓶颈技术，研制一批智慧农业所需的软硬件重大产品，集成一批产业应用急需的重大智慧农业系统，形成一批智慧农业研发及应用标准，打造一批智慧农业重点实验室和创新基地，培养一批智慧农业科研人才，实现农业发展方式转变，促进农业产业升级，加快农业现代化进程。

到2025年为推进期，由点到面实施智慧农业关键技术的转化、推广和应用，重点发展完善支撑精准农业信息获取、诊断决策和变量实施体系的基础理论，提升中国在精准农业研究方面的理论水平和解决实际问题的能力；建立基于数据的农业政策决策模型与方法，提升基于数据科学的农业科学水平；构建主要农林动植物数字模型和虚拟设计技术平台与农业信息智能搜索平台，开发农林动植物生产数字化监控与管理系统；基于智能农机作业装备，构建智能农机作业和调度系统；建立面向农业资源与生态环境监测、农牧业精细生产管理、农产品与食品质量安全控制、智能农机装备作业等方面的智慧农业技术体系。

到2035年为全面发展期，完善人才队伍培养梯度，完善智慧农业标准，部署智慧农业物联网公共服务平台，部署农业大数据服务平台，建成全球最大的农业大数据服务中心，物联网服务平台和大数据服务平台实现对境外服务，部分智能农机装备和软硬件产品走出国门，部分产品和关键技术处于世界领先水平。

第五节　农业创新创业人才培养工程

近年来，随着大数据、云计算、物联网等信息技术与

农业领域实现融合，智慧农业成为现代农业发展的新引擎。与此同时，农业与二三产业正在加速融合，观光农业、体验农业、创意农业等新业态不断涌现。突破当前农业人才匮乏的困境，培育新型农业人才，将成为发展现代农业的关键。

一、构建新型教育培训体系，大力提高农民新技能

一是发展农村职业教育和成人教育。围绕乡村振兴战略提出的一二三产业融合发展的战略要求，加强农民培育教育培训体系建设。健全和完善农村职业技术教育与成人教育，扩大办学规模，提高办学效率。职业教育和成人教育要坚持“学用结合，按需施教”的原则，把农村文化教育和科普教育结合起来，将扫除文盲与扫除科盲同步进行，要从人、财、物各方面来提高农村职业教育和成人教育的比重。职业教育培训重点是乡村基层干部、农业科技人员、具有一定文化水平的农民群众。教育中应适当设置相应的农村经济、市场经济、乡镇企业等专业及课程，造就和培养一大批有文化、懂技术、善经营、会管理的农民。

二是实施专项技能培训工程。地方政府和社会组织要支持农民科技培训，提供对农民开放的农业科技培训项目，提高农民的务农技能和科技素质，帮助农民掌握先进的农业科学技术，改善传统的务农方式，从而提高农产品产量和科技含量，增加农民收入，实施劳动力转移培训工程，增强劳动力就业能力。

三是创新农民职业教育培训方式。构建基于“互联网+”型的农民培训虚拟网络教学环境，大力培育生产经营型、职业技能型、社会服务型的农民；积极推动智慧农民

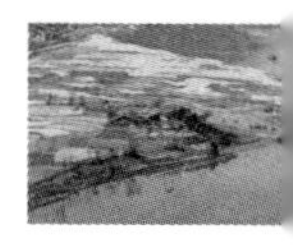

云平台建设，研发基于智能终端的在线课堂、互动课堂、认证考试的农民培训教育平台，实现农民培育的移动化、智能化。

二、继续农业学科改革，建立适应新时代需求的农业教育体系

一是积极建立学科融合的农业学科体系。现代农业已不仅是传统的种植业，而是“贸、工、农”结合，一二三产业协调发展的大农业概念。因此，应主动适应新时期农业现代化的产业发展需求，建立满足现代农业发展需求的学科体系。重点建立以行业、产业需求为导向的专业动态调整机制，优化学科专业结构，促进多学科交叉和融合，培植新兴学科专业，用现代生物技术和信息技术提升、改造传统农林专业。特别是随着高等农业院校服务面和任务的扩大，必须打破学校学科专业设置单一的固有办学模式，充分利用当前农村产业结构调整及新兴科技产业正在兴起的有利时机，抓紧研究和制定学科专业建设规则，加速进行学科专业调整，逐步建立起结构合理、具有竞争能力的学科专业体系。同时，支持地方高等学校、职业院校综合利用教育培训资源，灵活设置专业，创新人才培养模式，为乡村振兴培养专业化人才。

二是建立产学研相结合的教育体系。农业科学技术是应用性强的科学技术，只有在生产实践中才能培养敏锐的观察判断能力、严谨的科学态度、缜密的思维方法、科学的推理能力和全局的工作观念。长期以来，中国的农业高等教育一直以应试教育为主，以传授已有的知识为中心，重视理论教育，忽视了进行创新思维、创新能力的培养和

教育。产学研合作教育模式能够将企业、高校和研究机构的优势相结合，从而为人们提供参加生产实践、社会实践和科研实践的机会，尤其是参加科研活动对培养人们的创新能力非常有利。同时，转变高等农林院校仅单一面向农业生产的认识，树立主动为当地经济建设、为农村社会进步、为农业生产发展、为农民致富服务的观念。

三是大力加强农业师资队伍建设。加强师资队伍建设，形成一支高素质的集现代农业专业理论与实践技能于一身的农业教育师资队伍，是当前农业人才培养的重要内容和目标，也是一项长期的艰巨任务。然而，由于农业发展模式、农业科学技术及新型农业的快速发展，当前农业院校教师队伍存有知识更新慢、专业结构不适应需要和实践能力较弱的问题，以及现阶段培育的人们从事现代农业的能力和素质全面的农业科技人才不相适应。未来，依托高水平农林大学，重点建设教师教学发展中心，积极开展教师培训、教学改革、质量评估、咨询服务等工作，满足教师职业发展需要。以中青年教师和教学团队为重点，健全人才引进和培养机制，遴选一批具有生产一线实践经验的中青年教师出国研修，支持教师获得校外工作或研究经历，促进中青年优秀教师脱颖而出。完善高等农林院校与科研院所、涉农涉林企业合作机制，聘请一批生产、科研、管理一线专家做兼职教师，加大“双师型”教师建设力度。

三、创新农业人才发展渠道，探索建立高端农业人才共享模式

第一，积极拓展农业人才培育渠道。重点通过“请进来”和“派出去”两种方式，不断加大智力引进力度，对

于吸引和培养一批具有世界眼光的农业科技前沿领域的领军人物与紧缺人才、提高农业人才队伍建设层次都具有重要意义。在“请进来”方面，应通过特殊优惠政策，有计划地招聘国外高层次、创新型的农业人才，吸引海外华侨、华人、留学人员来国内工作，以及通过请国外专家来华讲学、主持课题、验收项目等方式为中国农业发展服务。同时鼓励留居海外的农业人才以各种形式来发展中国现代农业，可以选择技术入股、创办农业服务企业、开展学术交流、派往海外工作等形式，为中国现代农业发展出力献策。在“派出去”方面，通过派员出国培训、进修、考察、参与项目合作、参加国际学术会议等多种形式，积极学习国外先进技术和管理经验、参与国际农业交流与合作，使农业人才能够站在国际农业发展的前沿，开阔视野，增长才干，不断提高中国农业技术和管理水平，并以此促进中国高层次、国际化、创新型农业人才队伍建设。

第二，积极探索农业高端人才共享发展模式。由于农村生活条件有限，很难吸引到高端人才，然而为了充分利用高端人才的智力资源，应形成“不求所有、但求所用”的现代人才观念。积极利用当前先进的信息技术和互联网技术建立农业人才共享平台，形成农业人才共享经济。一方面，加强农业高端人才信息化建设，注重利用信息化手段推动人才工作，如建立农业科研人才、技能人才、教育培训人才等信息数据库，做好人才信息更新、交换和发布工作，使农业人才信息互联互通，促进人才市场供需平衡；另一方面，着力打通科研人才流动通道，促使科研人才资源和力量向企业、生产一线倾斜，鼓励高校和科研院所等事业单位科研人员在履行所聘岗位职责的前提下到企业兼

职，使人才链、创新链和产业链有效衔接，加快推进创新成果的有效转化。

第三，健全科学合理的人才机制，加强农业人才队伍保障。建立合理的农业人才评价、选拔任用和激励保障机制，是建设现代农业经济人才保障的关键。特别是随着经济社会的发展和干部人事制度改革的不断深化，要加快建立健全科学合理的人才机制。一是完善农业人才评价机制。坚持“四不唯”（不唯学历、不唯职称、不唯资历、不唯身份），把能力、业绩和品德作为评价人才的主要依据，建立各级各类农业人才评价指标体系，不断完善农业人才评价机制。二是建立公平竞争机制。要在农业部门普遍推行公开选拔、竞争上岗、全员聘用的选拔任用机制，合理使用农业人才，把各类农业人才配置到最容易发挥才干的岗位。三是健全激励保障机制。要采取一系列行之有效的方式方法，对在促进现代农业发展和新农村建设中做出贡献的农业人才进行物质或精神奖励。同时，在健全养老、医疗、住房等社会保障制度过程中，要针对农业行业的特殊性，对农业人才给予一定的政策倾斜，以增强农业行业的吸引力、凝聚力，从而在机制上营造出一个让农业人才人尽其才、才尽其用、更好地发挥保障作用的良好环境。

第四章　科技创新创业

第一节　农业科技创新创业理论

一、科技创新创业的内涵

目前，关于“科技创新创业”的概念，国内还没有一个统一的定义，而且科技创新创业与技术创新、自主创新、制度创新等概念容易混淆。“科技”是科学技术的简称，科技创新创业顾名思义就是创立和创造新的科学技术。《中共中央国务院关于加强技术创新、发展高科技，实现产业化的决定》（中发〔1999〕14号）中将科技创新创业定义为“以市场为导向，将科技潜力转化为技术优势的创新活动，包括从新思想的产生到技术开发、产品研制、生产经营管理、市场营销和服务的全过程”，科技创新创业包括科学创新和技术创新两个方面。科学创新是通过科学研究获得新的基础科学和技术知识的过程，是在认识事物本质的基础上创造新知识的行为，属于科学研究范畴；而技术创新是通过学习、模仿而改造、创造新技术、新商品的过程，是创造新技术的行为，属于技术经济活动范畴。

在知识社会环境中，一般认为科技创新创业包括知识创新、技术创新和管理创新3个方面。知识创新的核心内

容是创造新的思想和理论体系，其成果是新概念、新理论、新学说的产生，为人们认识世界和改造世界提供新的世界观和方法论；技术创新的核心内容是创造新的科学技术以及科学技术价值的实现，其成果是科技进步，成果转化以及良性互动，提高社会生产力水平，促进经济的增长；管理创新的核心内容是管理变革，既包括社会政治制度、经济制度以及管理制度等的创新，也包括企业、团体等微观主体的创新，其成果是激励机制的实现，激发创造性和积极性，合理配置社会资源，推动社会的进步。

二、农业科技的概念

农业科技是指农业科研人员和生产者通过考察、分析、试验、研究以及实践等活动取得的作用于农业生产、经营管理活动以及科研活动的手段、工艺以及方法体系，不仅包括农业技术，还包括技术方法、技术知识、技术手段、农业经营管理方法等非物化技术。

三、农业科技创新创业内涵

（一）定义

基于科技创新创业的一般概念，本书将农业科技创新创业定义为：为了满足现代农业需求，农业科研单位将资金、人工等转化为新知识以及新技术的过程，包括农业技术创新和科学创新两个方面，囊括了现代农业科技成果的研究、发明、创造以及农业科技成果的转化、推广、应用在内的全过程。

（二）农业科技创新创业的特点

农业科技创新创业对象的复杂性。农业科技创新创业的对象主要是有生命的动植物，而不同的作物所需的生态环境不同，要求在创新过程中要充分考虑适应性的问题，为农业技术创新增加了难度。例如，一个水稻品种的推广总是在一定的生态区域范围内，如果要扩大其推广范围，提高其生态适应能力，就会十分困难。尽管随着生物技术的不断提高，可以改变作物的部分生物学特征，以培养出适应性更强的新品种，但是并不能违反自然规律任意而为，只能在特定的条件下做一些尝试。

农业科技创新创业周期较长。由于农业科技创新创业研究对象都有其特定的生命周期，其生长规律不易改变。因此农业科技创新创业不仅需要工业技术创新的构思、设计、实验以及生产等工程，而且还要受自然条件和动植物生长规模的制约，使得农业科技创新创业周期较长。据我国相关部门统计，获得科技进步奖的成果研究时间一般为6~13年。另据统计，一个粮食作物品种的研发到审定一般需要5~8年，而果树等经济作物品种研究周期一般在10年以上，有些甚至达几十年。

农业科技创新创业风险较大。除了和其他行业创新一样承担着一般风险以外，农业科技创新创业由于农业自身特点，其时滞风险、技术风险、自然风险等还较为突出。一方面，由于农业科技创新创业周期较长，创新过程中很难把握市场竞争对手情况，面临一个创新成果刚刚面市就可能被替代的风险；另一方面，农业科技的创新不仅要理论、方法正确，而且还要考虑地域、自然环境、技术使用

者素质等多种因素，导致成功率低于其他领域。据统计，美国高技术企业的成功率也仅有15%～20%，我国由于整个农业的产业链条不完善，其成功率更为低下。此外，由于农业受自然灾害影响极大，造成农业科技创新创业成果的预期收益不确定性较大。

农业科技创新创业成果的公共品特性。农业是国民经济的基础，决定了农业科技创新创业成果的公共品特性。同时，农业科技创新创业成果的公共品特性还体现在农业技术的外部效益较大，一个农业科技成果的推广应用，其社会效益往往大于经济效益。这些特性造成创新者创新动能不足，势必需要公共机构承担创新责任。

四、信息化背景下的农村科技创业

在“双创”大潮中，“互联网+”农村创业首先聚焦于打通“城—乡”双向要素互动的市场机会寻找过程。从城市到农村这个方向上，由于传统线下购物在农村体验较差，同时农民对价格和促销敏感，电商在扩展农村市场方面大有所为。相关研究表明，电商在农村网民中实现了超过80%的使用率，但整体网络、物流等方面的滞后在很大程度上影响了农村电商的发展。国内多家大型电商企业近年来进入农村市场，如京东开启以服务店和县级服务中心为主体的农村战略，服务和配送范围覆盖5 000个村庄，同时还在乡村招募约5 000名“乡村推广员”来帮助村民进行网购。由于涉及基础设施的大规模投入，这个方向上的创业更多的是以大企业内部孵化为主，个人和小企业的创业可以依赖这些大企业或政府搭建的平台，寻找差异化的机会，向农村市场渗透，实现创业的意愿。

从乡村到城市这个方向则为农村和城市的个人或小团队的创业者提供了更广泛的机会。当农业与互联网结合后，可以减少交易成本、提高生产效率。广大青年创业者知识新、思路活，利用对互联网的熟悉和掌握，针对农业产、供、销链条中的一个具体环节进行创业。从当前国内外基于互联网的农业创业实践来看，包括搭建互联网信息平台，提供生产信息、市场信息、政策信息获取用户和流量，并取得盈利；进行农产品网络交易，利用网络销售特色优质农产品，通过技术创新解决包装、保鲜、运输等方面的难题，也有通过微商城为现有农产品经营开辟渠道，为消费者提供便捷服务；发展爱好社交经济，互联网可以发挥前所未有的连接作用，将很多相同兴趣爱好的人士在虚拟空间中聚合起来，通过线上线下的交流，开发出新的需求，如众筹养殖奶牛、花卉种植交流等，将为原本小众活动的产品找到规模化的经营方式。

五、农村科技型企业创业的政策支持

在传统农业向现代农业转变、鼓励和支持“双创”在农业农村领域大展身手、形成现代农业的产业链体系过程中，政府发挥着重要作用。国家创新体系中，农业科研与转化由不同主体承担，基础研究主要由政府投资，而科研转化大多属于由农业科技企业承担的分工合作模式。如何形成基础研究成果，取决于国家对基础研究的投入水平、制度设计及激励机制的建立；基础研究成果如何形成创新成果并转化为现实的生产力，成为农业科技水平提高的关键。当前，各级政府通过制度创新优势来克服科技企业发展的诸多障碍性因素，取得显著成效的政策包括设立农业

科技园，为企业创造良好政策环境；开展创新创业大赛，扶持优秀创业团队成长；设立农业科技创业基金，为农业企业提供金融支持。

六、农业科技园的建设发展情况

科技部联合农业农村部、水利部、国家林业和草原局、中国科学院和中国农业银行在全国建立了36个国家农业科技园试点，为了进一步规范国家科技园区管理，对《国家农业科技园区管理办法》（国科发农〔2020〕173号）进行了修订，按照“政府主导，市场运作，企业主体，农民受益”的原则，集聚创新资源，培育农业农村发展新动能，着力拓展农村创新创业、成果展示示范、成果转化推广和高素质农民培训四大功能，创新产业链，支撑产业链，激活人才链，提升价值链，分享价值链，把园区建设成为现代农业创新驱动发展的高地。农业科技园区既是农业技术创新的技术区，也是农业技术创新与扩散的一种崭新模式。农产品运输成本高促使农业产业集群更趋分散。农业集群以诱致性生成为主，集群的形成和发展离不开政府的支持和管理，政府的积极扶持对集群的生长具有重要作用。基础设施影响农业企业发展，位于农业科技园区的企业大多与农业科研院所等机构相互交流合作，如杨凌国家农业科技园依托西北农林科技大学，形成了以奶畜、果林、蔬菜、花卉、良种、农产品精深加工和观光旅游等综合型的龙头企业集群。园区内的企业共享技术信息，通过知识溢出带动创新外溢，有利于农业技术创新的形成。通过科技园区提供的试验示范基地，农业科技企业利用农业科研机构的基础研究成果，使农业技术发明和新奇思想快速转化为农

业创新活动，进而推广应用于农业生产，推动农业现代化水平的不断提高。

第二节　农业科技协同机制的理论框架

一、农业科技协同创新创业的基本内涵

（一）农业科技协同创新创业的含义

《辞海》对协同的解释为协调一致、和合共同，协助、会同，团结统一，互相配合。管理学认为，自然界和人类社会的各种事物普遍存在有序、无序的现象，在一定的条件下，有序与无序是相互转化的，从无序变为有序就是协同。协同是指不同要素在整体发展运行过程中的协调与合作，不同要素各自之间通过协调、协作形成拉动效应，以推动事物共同前进。对事物的不同构成要素而言，协同最终会使每个要素都获益，整体效应加强，实现共同发展。

由美国麻省理工学院斯隆中心的研究员彼得·葛洛最早对协同创新（Collaborative Innovation）给出定义，即“由自我激励的人员所组成的网络小组形成集体愿景，借助网络交流思路、信息及工作状况，合作实现共同的目标”。协同创新的本质是通过构建各种创新平台打破学科阻隔、体系壁垒，促进人才、资本、信息等要素有效配置及充分共享，通过加强各个创新主体之间的多元协同，最大限度地实现全面创新。协同创新活动包括了科学知识的发现、科学技术的发明以及各种知识和技术的传播与应用。在某种程度上，协同创新是解决科技资源分散和科技创新创业实

体间彼此封闭性的重要手段，是协调同步的，有着共同的创新愿景，有政策和资金的支持，有相互沟通的机制和信息共享的平台等。协同创新则是创新的一种形式，贯穿于原始创新、集成创新、引进消化吸收再创新的过程中，是开放式的创新形式，是一项更为复杂的创新组织方式。简而言之，协同创新，就是围绕创新的目标，多主体相互补充、共同协助、配合协作的创新行为，产生“1+1>2”的效果。

农业科技协同创新创业是协同创新在农业科技创新创业领域的具体表现。农业科技协同创新创业是在政府的引导和协调下，科研机构、高校、农业企业、新型农业经营主体等农业科技创新创业主体，以现代农业产业发展为需求，充分整合农业科技创新创业资源，加强多元主体间的合作与交流，进行产业共性、关键技术和前沿技术的研究集成和示范，产生协同创新增值效应，从而有效破解农业科技与经济脱节以及与产业链断链问题，实现和形成农业产业链与技术链双向融合、互相促进，提高农业科技创新创业能力。农业科技协同创新创业就是利用经济规律，制定符合农业科技发展的新政策，创造一个协同管理的农业科技创新创业体制和环境，改变农业科技创新创业存在的条块分割、各自为战的局面，使得各个主体相互配合衔接，从而有促进农业科技的协同发展和创新。

从农业科技协同创新创业实现途径的不同，可将农业科技协同创新创业分为农业科技内部协同创新和农业科技外部协同创新两种。农业科技内部协同创新的主体是农业产业组织本身，其实现依赖于组织内在要素之间的互动；农业科技外部协同创新的实现主要取决于农业产业组织与其他相关主

体之间的互动。农业科技协同创新创业可以表现为现代农业中的单项技术创新，也可以表现为一项科研成果生产运营的科技开发—成果转化—生产运营等环节的协同创新。

（二）农业科技协同创新创业的影响因素

农业科技协同创新创业是不同农业创新主体之间通过建立协同创新机制、构建协同创新平台，实现不同创新主体间的充分合作以及不同创新要素的有效聚合，从而打破地域、行业、部门、人员之间的界限，有效提高科技资源整合能力和科技活动组织能力，有效提高创新能力、创新效率、创新效果，从而实现部门内、区域性、全国性乃至国际性的协同创新，实现重大突破。

农业科技协同创新创业过程的影响因素很多，主要包括资源要素的互补度和制度的规范性。资源要素的互补度是指不同农业科技协同创新创业主体所提供创新资源的互补程度，其决定了相互协调的难易程度。制度的规范性是指制度的健全程度和规范程度，是实现协调规范持久的基本条件。农业科技协同创新创业的资源包括农业创新主体所拥有的知识、技术、资金、设备以及政策等一系列要素，这些要素直接或间接地对创新组织的竞争优势及创新能力产生影响。在农业科技协同创新创业过程中，不同创新主体间的信任、人才政策、矛盾冲突解决都是十分重要的影响因素。

（三）农业科技协同创新创业的重要意义

1. 迫切需要充分发挥科技创新创业的核心驱动作用

现代农业是一个综合的、动态发展的概念，其核心内

涵是通过不断应用现代先进科学技术改造传统农业，以提高生产过程的物质技术装备水平，不断提高农业的专业化、社会化分工水平，优化农业产业结构，以实现农业总要素生产率水平的不断提高和农业持续发展的过程。因此，农业现代化离不开农业科技创新创业。要坚持走中国特色自主创新道路，以全球视野谋划和推动创新，提高原始创新、集成创新和引进消化吸收再创新能力，更加注重协同创新。目前，我国现代农业面临确保国家粮食安全和重要农产品有效供给，解决“谁来种地、怎么种地”问题，缓解资源环境压力、实现农业可持续发展，提升农业国际竞争力，都迫切需要农业科技实现新突破。农业科技协同创新创业有助于现代农业的发展，有利于产、学、研发挥各自主体的优势，通过合作将有助于降低现代农业相关资源的配置成本和提高农业产业的竞争水平，将有助于形成现代农业支柱产业和现代农业产业集群的发展。

2. 迫切需要依靠深化改革激发创新活力、提高创新效率

在科学技术飞速发展的今天，任何重大创新都不是某个单一主体所能完成的，只有依靠多元主体共同参与，协同攻关，才能在原始创新、集成创新和引进消化吸收再创新上取得重大突破。随着世界科技的发展，交叉融合成为科技发展新的增长点。众多科技创新创业需要依靠多学科的联合攻关，以及综合多学科的思维体系，跨学科的协同合作是激活创新基因、寻找创新突破点的必然途径。现代农业科技协同创新创业作为一个系统工程，其系统整体性的协同度越高，互动性越强，反之则协同度越低，互动性

也越低，整体功能性也越低。如何更好地利用内部研发的杠杆作用撬动和分享外部价值，提高整合内外创新资源的能力，正成为各类科技创新创业主体面临的迫切选择。

协同创新也是克服我国农业科技体制弊端、促进农业科技创新创业方式转变的重要途径。从我国农业科研管理体制来看，条块分割、各自为政，基础研究、应用研究、技术开发相互脱节，高等教育与科学研究分离的状况没有根本改观；从农业科技资源配置来看，农业科技资源缺乏有效整合，科技人员、科技团队无法充分共享资源，展开合作，一些重大、前沿科技问题往往难以形成合力，难以形成协同创新的合力；从农业科技投入渠道来看，缺乏统一规划和统筹安排，总体投入水平的基础上，重复立项、多头申请、低水平重复现象比较严重；从农业科研组织方式来看，创新团队发展滞后且机制不完善，产学研合作与分工链条不健全，难以适应现代农业科技活动复杂化、交叉化、综合化的趋势。以上问题使得我国的农业科技资源使用效率低且难以提高，农业科技创新创业的整体效能难以增强，农业科技成果向现实生产力转化难以加快，严重阻滞了农业科技创新创业水平的快速提升。因此，推进农业协同创新，就成为克服科技体制弊端、促进创新方式转变的重要途径。

3. 迫切需要统筹协调、加快建立协同高效的农业科研组织模式

纵观全球，协同创新已经成为创新型国家和地区提高自主创新能力的重要组织模式，发达国家都非常重视协同创新。随着技术创新复杂性的增强、技术创新速度的加快

以及全球一体化发展的发展趋势，当代科技创新创业模式已突破传统的线性和链式模式，呈现出非线性、网络化、多角色、开放性的特征，受到各国创新政策制定者的高度重视。科技创新创业一条最重要的成功经验，就是打破领域、区域和国别的界限，演变为以多元主体协同互动为基础的协同创新模式，构建起庞大的创新网络，实现地区性及全球性的协同创新，实现创新要素最大限度地整合。

发达国家在协同创新的主要经验，一是根据科技与经济的发展，调整农业科研机构的设置、研究方向，优化公共部门农业科技创新创业资源的配置，减少机构设置的重复，以适应新学科、新技术的发展。二是对农业科技创新创业活动主体的分工基本明确，同时强调国家农业科研机构与高等院校、农业生产与加工企业的密切合作，保证了科技与经济的紧密结合。三是加强知识产权的创造、保护及利用，成为国外科技立法的热点问题，通过加强知识产权的创造、保护及利用，使各国的科学技术优势转变为产品优势、产业优势。四是在农业科技创新创业投资、农业高新技术及其产业化发展战略制定、农业科技创新创业机构、研究人员队伍和研究课题设置等重大问题上有明确的规划和分工。五是通过财政支持、税收、金融等政策引导私营企业开展农业科技创新创业。

二、农业科技协同创新创业的框架

从农业科技协同创新创业的过程和影响要素来看，农业科技协同创新创业需要从动力协同、路径协同、知识协同、目标协同和组织协同 5 个方面，来实现协同创新。

（一）动力协同

科技、市场、文化是农业科技协同创新创业的三种驱动力。科学与技术的融合推动了高校、科研院所及企业三者之间的合作，技术的多元性又有利于促使企业家实现创新、增加市场需求、促进经济发展。在市场驱动方面，市场运作机制是协同创新的前提条件，同时是促进创新主体合作的外在动力。农业科技协同创新创业不仅需要科技、市场的外部驱动，而且需要文化的内部驱动。文化是一种无形的、软的驱动力，影响着各个合作主体能否进行深层面的合作。各个创新主体对协同文化的共同认可是合作的精神内核，缺少精神内核的协同创新必将是貌合神离、形似而神不似，很难形成长久的共生发展机制。

（二）路径协同

传统农业科技创新创业模式一般遵循两种路径，一是正向线性创新模式，强调从科学研究发现出发，开发出新产品及工艺；二是逆向线性创新模式，强调从生产实际出发，利用科学研究解决实际问题，反过来促进科学研究。农业科技协同创新创业大力推进农业科技大联合大协作，面向生产一线，面向市场需求，面向广大涉农企业、农业经济合作组织和新型农业经营主体，研究确定科技创新创业的方向和技术路径。形成科技与生产紧密衔接，跨部门、跨学科、跨领域联合攻关的组织机制，上中下游紧密衔接、产学研用深度融合的实施机制，不同区域和不同学科专家协同创新的农业科技发展格局。

（三）知识协同

知识协同是协同创新的核心，它承载了产学研主体协同创新的知识增值与应用，更强调合作各方间知识的相互作用。协同创新的知识协同是指在产学研各主体在知识创造协同的基础上，进一步将知识与各创新主体实际对接。知识协同更强调企业与科研单位等合作各方间的相互作用，使产学研各方在知识资源共享、信息及时沟通、新知识应用等方面紧密合作，从本质上提升了合作创新能力。

（四）目标协同

农业科技协同创新创业要求合作各方找准自己在创新链中的角色定位，厘清各自的关注点和资源优势，对合作关系中各自的分工进行战略部署，实现学科链和产业链的有机衔接。企业、科研院所、高校由于在创新过程中的定位、资源和能力、发展目标上存在着差异，形成了不同甚至是潜在对立的组织文化和行为准则；科研单位和高校则是科研导向，考虑合作是否有利于学术研究；企业通常具有明显的利润导向，注重合作带来的经济价值。因而，战略目标一致，共同的战略意图、战略目标和利益诉求，是保证农业科技协同创新创业有序、高效运行的关键。

（五）组织协同

农业科技协同创新创业涉及不同利益目标的创新主体，是一种独特的混合型跨组织关系，单个组织无法取得合作的全部控制权，需要有新的管理技能和组织设计能力，因此要高度重视组织的结构协同和过程协同，成立协同创新

委员会等专门机构管理产学研合作过程在现代农业科技发展的过程中，所构建的农业创新系统所产生的协同效应，不会因为创新主体的各方利益存在差异而自动生成，其需要通过现代农业科技发展的各方主体所利用的组织机制来保障现代农业科技协同创新创业各方利益的均衡，从而实现组成创新主体的各方主体之间的多赢。

第三节　农业企业创新创业激励机制

根据我国科技发展战略，企业必将成为我国技术创新主体。但我国农业企业多为中小企业，由于规模、行业特点、政策环境等问题，其技术创新先天不足。尽管影响其创新的因素有很多，但是企业内部的创新动力不足是最重要的因素之一。

一、确立创新目标，树立企业科技创新创业意识

企业由于自身的逐利性，以自身利益最大化为目标，往往为了追求短期利益，而放弃或忽略了长期的投入，特别是放弃了对科技创新创业的投入。同时，由于农业生产的不确定性和高风险性，经营者普遍对农业科技创新创业存在恐惧心理，不敢进行创新，即使进行创新，也只是倾向于技术的局部改进，对根本性的技术创新谨小慎微。因此，作为一个农业企业，必须建立长期的创新目标，将创新作为企业长期战略目标之一，避免企业创新目标的短期性和不确定性。

要在企业科技人员中大力弘扬创新精神，改变过去企业科技人员创新流于形式的状态，要让创新精神融入科技

人员的血液中去。

二、建立创新考核机制，激发企业科技人员创新创业动力

目前我国农业企业，特别是中小企业大多没有将农业科技创新创业的相关指标纳入公司绩效考核体系中，即使有所考虑，其重视程度也十分不够。而企业的科技人员也大多从事科技应用、技术管理等工作，没有真正从事科技创新创业工作。因此，对于农业科技型企业而言，必须建立健全支持创新的硬考核机制，加大创新指标的权重，让企业创新人员得到与销售人员、管理人员同等的待遇。提高其创新成果的奖励数量，让企业创新者分享创新成果的利润。

科技人员是提高企业创新能力的关键因素。要把创造良好环境和条件，培养和凝聚各类科技人才特别是优秀拔尖人才，充分调动广大科技人员的积极性和创造性，作为科技工作的首要任务。在实际工作中，要落实企业科技人员各项待遇，使科技人员的工资水平与其创造的价值紧密联系。在企业技术创新过程中，对有重大贡献的技术人员，不但要给予较大额度的现金奖励，而且要给予恰当的精神激励。要密切联系科技人员，了解他们的心理动态，帮助他们解决工作、生活中遇到的问题，使技术人员安心工作，解决他们的后顾之忧，充分发挥人才的潜能，改善人才的成长环境。要创造更多外出学习、交流的机会，进入学校学习或到国外技术先进的企业调研，更新知识，开阔视野，启发灵感，提高技术人员的水平与能力，培养拔尖技术人才。

三、创新合作方式，加强企业与科研单位的合作

在我国，大部分农业企业，即便是农业高新技术企业，其农业科技创新创业能力都较弱，因此，在进行创新活动的过程中，除了不断加大自己科研实力的投入外，还应充分利用国家关于推进产学研合作的相关政策，加强与国内外农业大学、农业科研院所的对接。鉴于目前我国产学研合作存在的诸多问题，企业应从以下几个方面创新合作方式和利益联结机制。

一是多途径筹集资金，加大对产学研的投入。农业企业大多经济实力不强，没有足够的资金投到产学研上。投入的不足使得产学研的合作流于形式，实质内容较少。因此，建议企业逐步加大对产学研合作的投入，积极利用政策争取国家扶持资金，争取金融机构的政策性科技贷款。

二是创新产学研合作机制，激发企业和科研院所联合创新的动力。要按照市场经济原则，创新利益分配机制，使企业和科研院所实现利益均沾、风险共担，真正成为技术创新的联合体。企业要切实通过建设技术研发中心、工程中心、科研中试基地、成果孵化基地等平台，吸引科研院所高级人才到企业开展科研活动，将企业的创新平台当成他们自己的创新平台，才能从根本上调动他们的积极性。

第五章　产业创新创业

第一节　农村产业创新创业的理论根据

一、农村产业创新创业的特征

市场经济条件下进行农村产业创新创业的首要根据之一是农村产业普遍落后的客观现状。

具体体现在农民收入水平低、产业创新创业能力低，农村生产力落后、思想观念保守、科学技术得不到传播和运用、城乡二元创新差别明显等方面。

（一）农村产业创新创业的被动性

由于种种原因，长期以来发展中国家的农村发展一直为缺乏资本、技术和先进观念所困扰，农村生产力水平低，产业创新创业乏力，农村发展步履维艰。加之城乡经济的长期不平衡发展，农村在城市工业经济的快速发展中沦为二元经济结构中的不发达经济体系，农村经济发展影响因素多、牵扯面广、起点低、速度慢、难度大。尽管广大农村民众有发展经济、摆脱贫困、发家致富的强烈愿望，但是单靠市场机制的作用，这种愿望很难顺利转变成推动农村产业创新创业和经济发展的动力。

众所周知，在自由市场经济条件下，资金、技术、人才等稀缺资源总是由不发达地区向发达地区流动聚集，这是资本流动的基本规律。农村经济落后，生产生活等基础设施条件差，缺乏良好的产业创新创业环境，使农村在引进外资和技术、吸引外来人才、加快产业创新创业等方面处于被动地位。相反，由于城市的快速发展造成农村资金、人才的大量外流，直接影响农村的产业创新创业和经济发展。要改变市场经济条件下农村产业创新创业和经济发展的被动局面，就必须充分发挥广大农村民众的积极性和创造性，加强政府在农村产业创新创业和经济发展中的地位和作用，通过积极的政府干预遏制和消除市场对农村产业创新创业的负面影响，利用一切有利因素改善农村产业创新创业环境，培育农村经济的内生增长能力和持续发展能力，千方百计加快农村的产业创新创业步伐，通过思维创新、制度创新和政策创新把农村经济发展纳入产业创新创业的现代经济发展轨道。

（二）农业产业创新创业的被动性

农业是农村经济活动的基础。农业是在一定的生态环境条件下、以动植物为生产对象的自然生产和人类劳动相结合的复合生产过程。农业生产活动受自然生态环境的影响，在恶劣的生态环境条件下农业生产劳动的效果难以得到全面体现，没有政府和公共财政的支持农业的发展将被恶劣的生态环境所制约。农业生产活动具有地域性和长周期性，尽管各种设施农业得到迅猛发展，但基本的农业生产活动如粮食生产仍需要在自然生态环境中进行，在人类无法对自然气候进行有效控制的情况下，农业生产的效果

将直接受气候和各种灾害性因素的影响。任何天灾人祸都会给农业生产造成损失，没有有效的农业支持政策，农民的收益和农业的发展就得不到保证。

农业生产活动的多因素影响提高了农民进行农业生产投资的风险，直接影响农民的投资和产业创新创业积极性。特别是在市场经济条件下，农业生产的长周期性增加了农民把握市场行情及供求变化的难度，加大了农民销售农产品的市场风险，没有强有力的公共财政支持农民的收入就没有保障，农业的基础地位就得不到加强，国家粮食安全和农产品的充足供应就没有保障，农业产业创新创业和现代化发展的步伐就会受到影响。

（三）农村产业化发展的被动性

与城市相比，农村经济体现出弱势经济的特征。农业及农村产业创新创业能力弱，难以摆脱对自然气候的依赖，生产力原始落后，产业创新创业艰难，农产品大多是鲜活易腐烂产品，产品质量的鲜活特征难以保持，产品有效销售期短，农业产业化发展的制约因素多，农村产业化进程步履艰难。特别是在市场经济条件下，农村的发展和产业化进程直接受市场机制配置资源的制约。与其他经济部门相比，农村在资金、技术、人才、市场、管理、政策、信息等诸多方面处于劣势地位，没有政府的干预和政策支持，良好的产业化发展环境难以形成，农村的发展和产业创新创业很难摆脱各种因素的制约而取得长足进展。通过积极的产业创新创业，政府可以在财力、人力、物力等方面向农村倾斜，加快农村的产业化步伐，推动农村的产业创新创业和内生增长。

（四）加快农村产业创新创业是政府的重要职责

在市场经济条件下，加快农村发展和产业创新创业是各级政府的重要职责。通过积极的产业创新创业和政府干预，增强农村产业创新创业的政策支持力度，加强政府对农村的财政投入，培育农村经济的增长点和产业创新创业点，调动农村民众的积极性和创造性，开拓新的生产和就业门路，加强发展农村经济发展的物质基础，促使农村优势产业的形成。农村思想封闭保守、交通通信设施落后，外界的新信息、新观念、新技术、新思想只有通过政策法令等政府行为，才能形成强大的舆论声势，才能产生巨大的轰动效应，才能以最快的速度把新观念、新技术、新思想大范围地传播出去，从而产生巨大的合力，以摧枯拉朽之势一举打破农村的封闭落后状态，推动农村经济发展和产业创新创业。

农村经济落后，不少民众经济贫困、生活得不到温饱，在加快农村产业创新创业的同时，帮助农村贫困家庭脱贫致富是各级政府责无旁贷的重要职责。通过产业创新创业可以增加对农村的资金和技术投入，发展农村生产力，推动农村经济发展，改变农村的落后面貌。政府的帮助和扶持能有效地推动农村科教事业的发展，开发农村的人力资源，解放思想，发展先进生产力，推动产业创新创业，为农村的健康发展打下基础，所有这些单靠市场是难以做到的。

二、农村产业创新创业道路的抉择

农村经济发展首先面临着发展道路的抉择，由于农村

经济发展存在明显的地域性和差异性，工业化、城市化及产业创新创业等发展道路的选择要从当地的客观实际和资源优势出发，遵循农村经济发展的客观规律，通过多种途径和措施提高农村的产业创新创业能力。

（一）产业创新创业在农村经济发展中的地位

在各种可供选择的农村发展道路中，产业创新创业处于核心地位，忽视产业创新创业地位和作用是造成发展中国家工业化、城市化发展缓慢的重要原因之一。在农业社会向工业社会、工业社会向信息社会、农业社会向信息社会的转变中，不论选择什么样的发展道路，能否进行有效的产业创新创业决定着发展的成败和效率。

在社会进步和社会形态转变过程中，能否进行高效率的产业创新创业决定着发展的进程和发展道路的抉择。在农业社会向工业社会的转变中，产业创新创业是实现工业化、城市化及机械化发展的重要环节；在工业社会向信息社会的转变中，产业创新创业是实现信息化、知识化及技术化发展的重要环节；通过高效率的产业创新创业，农业社会也可以直接转变成为信息社会。产业创新创业建立在制度创新、思维创新、知识创新和技术创新的基础上，产业创新创业在社会进步和经济发展过程中处于重要地位，发挥着决定性的作用。

（二）现代与传统发展道路的区别

要全面理解产业创新创业的地位和作用，必须科学理解现代与传统发展道路的辩证统一关系，利用不同发展道路之间的内在联系与关联性形成发展和产业创新创业合力，

推动农业及农村经济的快速发展。现代与传统发展道路主要区别体现在以下几个方面。

（1）发展道路的起点不同。工业化、城市化、机械化等传统发展道路一般以农业社会为发展的起点；知识化、技术化、信息化等现代发展道路则可以以农业社会或工业社会为发展的起点。

（2）发展的环境条件不同。工业化、城市化、机械化等传统发展道路以资源约束、环境约束为主要特征；知识化、技术化、信息化等现代发展道路以思维约束、知识约束、技术约束为主要特征。

（3）发展的方向目标不同。工业化、城市化、机械化等传统发展道路以自然资源的开发利用为基本方向，发展的基本目标是提高物质生产能力；知识化、技术化、信息化等现代发展道路则以知识、技术、信息等社会资源的开发利用为基本方向，发展的目标是提高知识创新和产业创新创业能力。

（4）发展的手段途径不同。工业化、城市化、机械化等传统发展道路以常规制造技术和资源开发利用技术为主要发展手段，普遍采用技术效率和经济效率的发展途径；知识化、技术化、信息化等现代发展道路则以信息技术、生物技术、材料技术、海洋技术、空间技术等现代高新技术为主要发展手段，普遍采用信息效率、知识效率和产业创新创业效率的发展途径。

（5）发展的政策措施不同。工业化、城市化、机械化等传统发展道路一般在国家或地区层次上采用相应的宏观政策措施和发展战略，更多体现的是国家和民族的发展意志；知识化、技术化、信息化等现代发展道路则更多以微

观政策措施出现，更多地体现出企业的创新意愿和创新自由。

（三）现代与传统发展道路的联系

现代与传统发展道路的辩证统一关系更多地体现在二者之间的内在联系和相互关联性上。不论是现代发展道路还是传统发展道路，二者在发展目标和结果等方面更具有互补性和相似性；发展道路和环境的差别从不同角度反映着人类社会进步途径的多样性。

（1）发展目标的互补性。现代与传统发展道路的发展目标是互补的，传统发展道路开创的物质生产能力为现代经济发展和产业创新创业创造了条件；现代发展道路的形成为传统发展道路提出更高的产业创新创业和内生增长要求。

（2）发展机制的关联性。传统发展道路采用工业化和城市化发展机制；现代发展道路主要采用创新机制。现代与传统发展道路在机制上是相互关联的，工业化、城市化的实质就是产业创新创业。

（3）发展道路的多样性。现代发展道路是对传统发展道路的发展和完善，增加了发展道路的多样性，为各国选择更适合本国国情的发展途径创造了条件。

（4）发展环境的差异性。世界各国发展环境的差异性是客观存在的，各国不可能以同一个模式来发展本国经济，发展环境的差异性要求有多种发展道路的选择。

（5）发展实质的相似性。现代与传统发展道路的实质是相似的，传统发展道路以工业与城市产业创新创业为核心，目的是发展工业和物质生产力；现代发展道路以知识

和技术产业创新创业为核心，目的是提高内生增长能力和知识生产能力，二者从不同层次共同推动着人类的社会进步和经济发展。

第二节　农村产业创新创业的内在动因与对策

农村是国民经济的重要组成部分，在全面建设小康社会历史时期，产业创新创业对于推动农村经济的持续健康发展具有重要意义。农村产业创新创业有许多种途径，如思维创新、人才创新、技术创新、市场创新、管理创新等。要营造产业创新创业氛围，强化产业创新创业机制，创造产业创新创业条件，培养创新型人才，培育农村产业创新创业点。

一、农村产业创新创业的意义

农村发展的根本出路在于产业创新创业和内生增长动力的培育。一方面，农村产业是基础产业，生长点多，关联面大，有利于进行产业创新创业；另一方面，农村产业又是传统产业，世代相传，底蕴深厚，涉及因素多，需时长，见效慢，不利于产业创新创业，而农村经济发展又必须进行产业创新创业。

（一）农村产业创新创业的含义

产业创新创业是推动农村发展的重要动因机制。农村产业创新创业是已有农村产业规模的扩大、产业功能的增加、企业数量的扩张、生产能力的延伸；是农村新产业、新企业、新企业群体的创立和诞生；是农村新生产领域、

新产品、新功能、新用途的开发；是农村新技术、新知识、新思维、新方法的发明创造；是农村新生产能力的培育和新就业领域的开发；是农村经济的全面发展。在现代农村发展环境下，动植物新品种的培育，新栽培饲养方法的运用，农产品加工、运输、储藏，农村非农产业的发展等都是进行农村产业的创新点。农业是生产食物和环境产品的产业，农村是劳动力就业的主战场，农村产业创新创业的市场基础雄厚，农村的产业创新创业要以市场为导向、以知识和技术创新为核心，全面促进农村新兴产业的创立。

（二）农村产业创新创业的意义

产业创新创业是推动农村经济发展的根本性动力。回眸历史，发展中国家的农村在机械化道路上蹒跚、在工业化道路上迷茫、在城市化道路上进退两难、在现代化道路上望洋兴叹，根本原因是产业创新创业核心内容的缺失，因此，在新的历史背景下，农村产业创新创业具有重要意义。

（1）产业创新创业突破了发展农村经济的机械化误区。单靠机械化难以真正发展农业和农村经济，原因在于发展中国家大多数农村不具备进行农业机械化的物质基础，靠外部的大规模投入又不可能持久，缺乏产业创新创业和内生增长的农业机械化无法形成发展农业及农村的内在动因机制，难以推动农业及农村经济的持续、健康发展。

（2）产业创新创业突破了发展农村经济的工业化误区。靠工业化不能真正发展农业和农村经济，原因在于大多数发展中国家工业化基础差、起点低，难以满足依靠工业化推动农业及农村经济发展的要求，发展中国家城市本身存

在大量失业人员，城市工业部门对农业剩余劳动力的吸收能力有限，城市的产业创新创业、就业扩张和经济扩张能力有限，工业化可以为农村经济发展创造更为宽松的外部条件，但无法形成农村经济发展的内在动因。更何况许多发展中国家的工业化加剧了城乡经济的二元化，割裂了城乡经济协调发展的内在联系，在严重缺乏产业创新创业和内生增长动力的情况下，贫者愈贫、富者愈富的马太效应使农业及农村经济发展无力负担不断增长着的、巨大的工业化成本投入。

（3）产业创新创业突破了发展农村经济的城市化误区。靠城市化不能真正发展农业及农村经济。原因在于发展中国家人口众多、数量大、负担重，并且大多数人口生活在农村。贫穷落后的发展中国家根本无力通过城市化把大规模的农村人口转移到城市，发展中国家的城市本身存在着许多问题，如城市失业、城市福利等。片面强调城市化或追求提高城市人口比例，不仅难以从根本上发展农村经济，而且还极有可能把农业或农村问题转变成城市问题，影响城市的健康发展，恶化农业和农村经济发展环境。脱离产业创新创业片面强调城市化极有可能加剧农村的资本和人才外流，无法改善农村产业创新创业的资金和人才环境，制约农业和农村产业创新创业能力和内生增长能力的形成。

（4）产业创新创业突破了发展农村经济的现代化误区。靠空洞无物的现代化不能真正发展农业和农村经济。原因在于发展中国家与发达国家差距大，在短时间内难以具备实现农业和农村经济现代化的许多条件。现代农业和农村经济不仅要求先进的技术装备，而且要求高素质的农村劳动者。发展中国家农村资金短缺，无力购买现代技术装备，

农村教育落后，农民职业与劳动技能低下，农村劳动者素质的提高是一个漫长而艰巨的任务。空洞无物的现代化概念如果缺乏产业创新创业基础，则形不成农业和农村经济发展的内在动因机制，难以推动农业和农村经济的持续健康发展。

（5）产业创新创业突破了发展农村经济的市场化误区。在市场经济条件下靠市场机制难以真正发展农业和农村经济。原因在于发展中国家大多数农村市场发育不完善，市场制度不健全，农业产销活动的大部分停留在自给自足的传统农业状态，农产品商品率低，农村经济活动市场化低，农村生产、生活资源产权不明晰，市场机制对农业和农村资源优化配置的导向作用有限，在缺乏政府支持情况下片面强调市场机制的作用，往往导致农业和农村经济在市场竞争中处于被动地位，导致农业和农村资本、技术积累的萎缩，恶化农业及农村产业创新创业环境。众所周知，农产品需求是非弹性需求，农民很难靠增加产量、扩大销量的方式来增加收入；农村资金、技术、人才、信息等经济发展稀缺，在资源短缺的强约束下农村产业创新创业只能停留在低水平上，甚至向传统的手工产业回归。市场化如果脱离农业及农村产业创新创业的实际情况，就难以形成产业创新创业能力和内生增长能力。

二、农村产业创新创业的内在动因

农村产业创新创业是农村内生增长动因的直接体现，农村产业创新创业通过内在的机制形成推动农村经济发展的强大动力。农村产业创新创业的内在动因主要表现在思维创新、人才创新、技术创新、知识创新、营销创新、管

理创新等多个方面。

（一）思维创新

农村经济落后源于观念落后，发展农村经济必须首先进行思维创新，突破落后观念的束缚。落后的观念扎根于落后的文化，落后的文化是滋生落后生产方式的土壤，文化落后必然导致思想落后，观念保守，制约和禁锢农村先进生产力的发展和农村经济实力的提升。发展中国家农村普遍存在的“亚文化现象”，使传统生产力和农村社会的封闭性进一步加重，先进文化对农村社会经济发展的推动作用被大大削弱。思想变革是社会进步的先导，更是发展农村经济的先导，没有先进的思想，农村产业创新创业就失去了基本的动因，思维创新是启动农村经济发展内在动因机制的基本途径。

（二）人才创新

农村经济落后源于农村科教事业的落后，发展农村经济必须首先进行人才创新，不拘一格发现和任用人才，消除农村经济发展人才匮乏的瓶颈制约。要加强农村基础教育，重视农民职业教育和技术培训，用现代科学技术去武装农民。二元结构削弱了城市技术主体到农村推广先进技术的动因和积极性，甚至因为农村经济文化落后，生活条件差，影响城市技术人才向农村的正常流动，先进适用技术和生产要素向农村的传播推广受到限制。城市的技术人才得不到充分利用，农村又严重缺少技术和人才，农村资源要素得不到高效率开发利用。人才是创业的最重要因素，是最活跃和最具有能动性的因素。只有重视农村教育事业，

重视人才培养，才能确立农村产业创新创业的人才基础，才有能力进行农村产业创新创业。

（三）技术创新

农村经济落后源于农村科学技术的落后，发展农村经济要重视技术创新，用科学技术取代落后的生产方式，通过示范效应推广科学技术。农村经济文化落后动摇了发展中国家农村技术进步和生产力发展的物质基础，使先进科学技术在农村的推广应用更加困难。经济落后使先进技术在农村推广使用的成本增加，相对过高的技术投入费用和投入风险促使农民不得不转向传统技术，传统技术简单实用，风险和使用成本低，但技术效果也低。技术创新是先进生产力要素的重要来源，没有技术创新就无法打破落后的生产体制和生产关系，新兴产业和新型生产力就难以成长。技术创新是产业创新创业的基础，是形成农村核心竞争能力的基础。

（四）营销创新

农村经济落后源于市场和营销观念的落后，在市场、气候、制度等诸多不确定因素的制约下，迫使农村经济发展不得不向传统生产力和生产方式回归。农村经济落后，市场发育程度低，市场机制不健全，市场管理和市场环境不完善，农民经济收入水平低，购买力水平低，农村现金支出的强约束使农村消费对产品质量的要求降低，为假冒产品的出现提供了土壤，促使农村“亚市场”和“地下市场”的形成，为走私产品和落后生产力的存在提供了条件。二元结构影响农村市场的正常发育，导致城乡产业结构和

经济结构的扭曲，农村市场与城市市场形成鲜明对比。农村市场落后加大了市场管理、产品质量监督的难度，使落后产业和落后生产力得不到淘汰，扭曲价格机制和市场导向作用，降低市场运作效率，影响正常的城乡市场和经济秩序，制约着农村商品与市场经济的健康发展。没有市场观念、营销观念的创新和普及，农村产业创新创业难以顺利进行。

（五）管理创新

农村经济落后源于经营管理机制落后，发展农村经济要重视经营管理，发展中国家农村普遍缺乏进行管理创新的动因机制。农村经济发展普遍重视常规技术、高新技术等生产技术，而有关如何加强农产品营销、产品质量检查监督、产业化、企业化管理等管理环节被普遍忽视。农业经营理念、管理体制、管理手段等严重滞后于农村产业创新创业和经济发展的要求。要加强和重视农业经营管理等的软科学研究，摆对管理科学在农村产业创新创业中的战略位置。管理是进行农村产业创新创业的重要领域，通过壮大农村龙头企业，建立现代企业管理制度，充分调动农民的劳动积极性和创造能力，科学的管理制度可以提高农村经济效益，改善农村产业创新创业环境，加强农村经济发展的内在动力和产业创新创业能力。

三、加快农村产业创新创业的对策

产业创新创业是农村经济发展的核心动力，农业机械化、现代化、市场化、农村城市化和工业化只有与产业创新创业相结合才能形成推动农村经济发展的内在动因，才

能启动农村经济的内生增长机制，推动农村经济的健康、持续发展，具体对策包括如下若干方面。

（一）营造产业创新创业氛围

要加快农村产业创新创业，首先要通过环境建设、体制改革、解放思想等途径营造产业创新创业氛围，强化产业创新创业的环境激励机制，促使人人致力产业创新创业。美国经济学家道格拉斯·麦克格雷格(Douglas McGregor)认为，现代人力资源管理建立在两种观点截然不同的理论假设上，一种是X理论，一种是Y理论，X理论认为人的本性充满了恶的东西；而Y理论则认为人们普遍是勤奋的，人的本性是善良的。但不管是哪一种理论，现实生活中存在最多的往往不是极端，在农村产业创新创业过程中把所有人统统看作懒惰或统统看作勤奋都不符合实际。任何人都有懒惰的一面也有勤奋的一面，到底哪一面占上风则取决于人们所处的环境，这就是环境激励。优越的产业创新创业环境会对人性恶的一面产生约束，要加强农村产业创新创业环境建设，弘扬正气，打击邪气，促进公平竞争，提高农村产业创新创业效率。

（二）创造产业创新创业条件

在环境激励的基础上，要把竞争机制引入农村产业创新创业活动，调动农村民众进行产业创新创业的积极性和能动性，通过竞争激励促使人人致力于自身素质的提高和产业创新创业能力的培养，强化农村产业创新创业的内在动因机制。通过制度建设形成公平竞争的良好秩序和氛围。竞争是残酷的，竞争会产生沉重的心理和精神压力，良好

的情感氛围可以使人放松，乐观向上，提高工作效率，形成有利于产业创新创业的宽松环境。农村产业创新创业要充分利用事业激励、制度激励等机制，做到事业养人，事业留人，用事业来促进农村创新人才成长。要为人才成长创造条件，做好后勤服务工作，用关心、爱心培养事业心；用管理服务、后勤服务为农村产业创新创业服务。加强农村职业技术培训，提高农民的技术水平和劳动技能，提高农村的产业创新创业能力。

（三）强化产业创新创业机制

激励是推动产业创新创业的重要机制，激励机制的设立是为了鼓励人们更加勤奋努力，通过努力达到产业创新创业的目的。激励机制可以补偿人们为创新所付出的劳动，强化因果关系，通过激励产生示范效应，促使广大农村民众更加努力地参与产业创新创业。

（1）农村产业创新创业的制度激励。所谓制度激励就是通过制度化的奖励、鼓励手段，建立激励与创新的因果关系，确保创新结果兑现的制度安排。产业创新创业一旦形成制度就会形成推动农村经济不断发展的重要动力，这是亚当·斯密“无形之手”的魅力所在。农村产业创新创业如果能建立起有效的制度激励机制，则产业创新创业动力就会得到加强，产业创新创业效率就会大大提高。农村产业创新创业激励机制的建立要从提拔重用、精神鼓励、物质奖励等具体制度安排入手，要多听农村民众的意见，创造公平合理的激励制度，加强监督管理，维护制度的权威性，提高制度激励的效率，建立良好的创新制度秩序，促进农村产业创新创业能力的持续提高。

（2）农村产业创新创业的精神激励。制度激励包括精神激励，从农村产业创新创业的性质和特征出发，精神激励与农村民众对自尊、自我实现等高层次的精神需求相吻合，所以精神激励是调动农村民众积极性、创造性的有效方法。精神激励在内容上包括：表扬、授予荣誉称号、评选先进工作者、赋予或提升社会地位、登报、上电视、出席报告会等。精神激励要注意典型性和社会性，要形成制度，要弘扬正气，要体现公平竞争精神，产生示范效应，对全体农村民众起到鼓励、引导、教育、督促的目的。精神鼓励不能滥用，精神鼓励要与物质鼓励相结合。

（3）农村产业创新创业的物质激励。物质激励是市场经济条件下农村产业创新创业的基本激励机制，物质激励通过使创新成绩突出者获得实惠，使先进工作者的辛勤劳动得到应有回报，符合现实生活的因果逻辑关系，容易产生示范效应和轰动效应，激励效果明显。物质激励在内容上不仅是指金钱，如带薪休假、改善工作条件、住房条件、提高医疗保险待遇等都属于物质激励范畴。物质激励要适度，不能滥用物质激励，物质激励标准的制定要科学，物质激励要与产业创新创业业绩挂钩，物质激励要进行标准化、制度化、规范化管理，加强监督，严防营私舞弊，确保物质激励的公平性。通过适当的物质激励提高广大农村民众的积极性和创造性，提高产业创新创业效率。

（四）培养创新型人才

在农村技术人才培养、成长过程中，对相关人员进行适当的世界观、人生观、科学观、事业观等方面的教育和引导，可以加强农村民众成才的内在动因，树立成才目标，

导向成才方向，实现多出人才、快出人才、培养农村创新型人才的目标。

（1）政治引导。在农村人才培养过程中，要从爱国主义、集体主义、我国国情等角度出发，对农村人才进行政治思想引导，可以使农村人才形成高尚的政治素质和思想道德情操，无论将来从事什么创新工作都会打下坚实的政治基础，从而有利于农村人才的茁壮成长。没有政治引导或没有强有力的政治引导机制，农业人才队伍的政治素质就无法保证，就难以胜任农村产业创新创业、全面建设小康社会、促进农村企业参与国际竞争的历史使命。

（2）专业引导。各类农业人才的培养过程是不断获取专业知识和专业技能的过程，在农村人才知识有限、不能正确把握自己成才方向时，适当的专业引导可以培养农村人才的专业兴趣和专业志向，从而加快专业人才的成长。农村知识青年是人才培养的重要对象，要加强专业引导，促使其树立正确的专业方向，打下坚实的专业基础，加快农村专业人才的培养步伐，提高其专业技能和产业创新创业能力，提高农业专业人才的培养效率，为加快农村产业创新创业打下坚实的人才基础。

（3）事业引导。事业引导是农村人才创新机制的最高层次，从社会心理学角度看，一个人如果能确立起自己的事业、并为推动和完成自己的事业而不懈努力，则这样的人已经进入较高的人才层次。为事业奋斗的人事业心强，发奋刻苦，自觉努力，是理想的创新人才层次。农村人才创新要利用引导机制，积极做好中青年创新业务骨干的事业引导工作，强化其事业心，突出其使命感，通过事业引导变他律管理为自律管理，达到提高人才素质和产业创新

创业能力的目的。

（五）培育农村产业创新创业点

制定农村产业创新创业对策的基本出发点，要落实到产业创新创业制度的建立上。产业创新创业一旦形成制度，就意味着农村经济发展内生增长机制的形成，产业创新创业就进入良性循环轨道，农村产销活动就会不断出现产业创新创业点，容易形成产业创新创业的拥挤效应，从而推动农村产业的不断创新。建立产业创新创业制度和机制的根本目的是加快产业创新创业，提高产业创新创业效率。农村产业的创新点可能来自多个方面，简化创新程序、节约创新成本、精简管理人员、创造创新环境、提高人才素质和工作效率等都可以形成产业创新创业点，创造新的产业创新创业机遇。

（六）强化农村产业创新创业的自律性

农村产业创新创业的最高境界不是制度激励，而是非制度激励，所谓非制度激励就是通过自我理想、自我欲望、自我动因、自我努力等非制度手段，达到制度激励效果的非制度安排。现代农村产业创新创业提倡非制度激励可以节约创新成本，形成相对宽松的产业创新创业环境和创新氛围，有利于激发人们的工作和创新热情，现代农村产业创新创业要处理好制度激励与非制度激励的关系，通过思想道德和创新文化建设，营造非制度激励创新环境，形成制度激励与非制度激励的良性互动。在制度激励基础上，通过积极有效的非制度激励，提高农村民众的素质和自我创新能力，实现由制度激励到非制度激励的过渡，从而达

到现代农村产业创新创业的理想境界。

第三节　农村产业创新创业的机遇与挑战

长期以来，如何加快农业及农村产业创新创业一直是我国农村经济持续健康发展所面临的重大理论课题。在我国进入全面发展的历史机遇期，要完成农村产业的成功创新、加快农村经济发展，必须明确进行农业及农村产业创新创业所面临的机遇和挑战。

一、农村产业创新创业的历史机遇

（一）发展农村市场经济的机遇

我国正在走上经济繁荣、民族振兴的正确道路，这为加快农村产业创新创业、促进农村经济发展创造了千载难逢的好机会。如果抓不住这样的历史机遇，农村就会在经济发展的历史潮流中落伍，就会跟不上时代的步伐，就会丧失掉发展和进步的机遇。农村产业创新创业可以促进农村经济的发展，但是不适当的产业创新创业对策也经常影响农村经济发展。农村产业创新创业涉及诸多因素，任何一个方面的不协调和不配套都有可能降低农村产业创新创业的效果，影响农村的产业化进程。特别是在市场经济条件下，市场供给和消费需求的变化将加大农村产业创新创业的市场风险，增加农村产业创新创业的难度和复杂性。

农村商品经济和市场经济的发展为农村产业创新创业创造了许多机遇。市场机制的运用可以提高农村有限资源的配置效率，有利于把农村产业创新创业纳入市场经济轨

道，市场机制强调消费需求与市场供求的互动，运用市场机制来进行农村产业创新创业能最大限度地体现发展农村经济的根本目标。市场给农村产业创新创业带来的机遇也不是尽善尽美的，市场如同一把双刃剑，当了解、适应市场并能灵活地把握和运用市场规律时，它能给农村经济的发展带来许多机遇，能增加经济收入，能促进农村产业创新创业；当不了解市场、又不能科学地把握和运用市场规律时，市场就成为摆在农村产业创新创业面前的严峻挑战，若生产什么市场偏不需要什么，就会使产业创新创业陷入困境，直接影响和制约农村经济的发展。要想抓住机遇、迎接挑战必须在了解和研究市场上下功夫，对市场进行深入的调查研究，了解消费者的喜好和消费倾向，了解市场需求及变化规律，对未来市场做出科学准确的预测，把握市场经济规律，抓住市场机遇，做好迎接各种挑战的准备，促进农村经济的健康发展。

（二）加强农村生态环境建设的机遇

改革开放以来，农村经济的快速发展为加强农村生态环境的建设创造了千载难逢的好机会。把农业及农村产业创新创业和加强生态环境的建设有机地结合起来，在进行农村产业创新创业的同时大力加强农村生态环境建设。要从国民经济持续发展的战略高度，确立农业及农村产业创新创业的生态环境目标，从具体项目入手加强生态环境建设，遏制农村生态环境恶化的势头。建设生态环境需要大量的资金投入，20 多年的经济发展为农村生态环境的建设创造了资金和物质条件。农村商品经济和市场经济的快速发展无形中加大了对自然资源开发利用的力度和强度，不

少地方的经济发展已经超出了自然资源的合理承载能力，引起了生态环境的破坏和日益恶化。如何降低农村自然资源的开发利用强度，有效地控制农村生态环境恶化，是进行农村产业创新创业所面临的严峻挑战。我国有超过5亿农村人口，劳动力资源十分丰富，如何利用农村丰富的人力资源来加强农村生态环境建设，通过生态环境产业的创新，增加广大农村人民的就业机会，开发利用我国农村的人力资源优势，是我国农业及农村产业创新创业所面临的又一重要历史机遇。人是进行产业创新创业最基本、最宝贵、最具有主观能动性的要素，失业或人力资源的闲置是产业创新创业能力的最大浪费，在农业及农村产业创新创业中只看到人多的负面影响、看不到充裕人力资源正面作用的观念和做法都是对国家宝贵人力资源的浪费。

二、农村产业创新创业面临的挑战

（一）发展农村经济面临的挑战

农村经济永远面临着不断发展的挑战，通过产业创新创业来发展农村经济更不是一帆风顺、一蹴而就的事情。由于种种原因，我国农村人口众多，土地少，农村生产规模小，生产力水平低，经济本来就很落后，产业创新创业的起点低、基础差、难度大，不进行产业创新创业农村没有出路，进行产业创新创业农村也很难在短时间内取得突飞猛进的进步。农村经济发展要面对现实，面对各种挑战，只有善于抓住机遇，敢于迎接挑战，才能真正促进农村产业创新创业。在农村发展过程中如何加强农村生态环境和基础设施建设、如何为农村剩余劳动力寻求就业门路、如

何促进农村科教和医疗卫生事业的全面发展、如何提高农民的收入和生活水平等都是农村产业创新创业所面临的不可回避的严峻挑战。

农村产业创新创业还面临着来自市场的诸多挑战。一方面市场错综复杂、变化多端，变幻莫测，变化速度快；另一方面农村经济活动多受制于生物与自然规律，影响因素多，需要时间长，调整周期长，反应速度慢，跟不上市场步伐。如何使慢节奏的农村发展跟得上快节奏的市场变化步伐就成为农村产业创新创业面临的严峻市场挑战。要想抓住市场机遇迎接市场挑战必须在了解和研究市场上下功夫，对市场进行深入的调查研究，了解消费者的喜好和消费倾向，把握市场供求状况及变化规律，对未来市场做出科学准确的预测，进而把握市场经济规律，抓住市场机遇，做好迎接各种挑战的准备，促进农村产业创新创业和经济的健康发展。

（二）加入世界贸易组织的挑战

我国在加入世贸组织、走向世界的同时，也必须向贸易伙伴开放我们的国内市场。毫无疑问，外来农产品将会进入我国市场，所以我们必须做好准备积极迎接来自国际农业强国的竞争和挑战，利用各种有利的因素加快我国的农业及农村产业创新创业。外来农产品的内外在质量在总体上优于我国的农产品，如果我国的农产品质量没有实质性提高，那么我国农产品的市场份额和市场占有率将会受到影响。外来农产品不仅初级产品质量高，而且加工产品质量也很高，农产品及其加工产品种类丰富，价格低廉，具有很强的竞争优势，如果不采取相应的产业创新创业对

策，我国的农产品加工业势必受到严峻挑战。在外来农产品进入我国的同时，国外的农产品营销团体、产品加工技术和资本也会进入我国，他们管理技术先进，会给我国国内农产品加工业和营销业的发展带来压力和挑战，如果没有正确的应对策略，势必影响我国农产品加工业和农村经济的健康发展。如我国的小麦、玉米等粮食生产以及某些化肥农药等生产资料的生产在加入世界贸易组织后将面临西方发达国家的挑战，国际农产品市场竞争将更加激烈，质量差、成本高的农产品将有可能丧失原有市场。在农村劳动生产率大幅度提高、食品消费仍然缺乏需求弹性的基本情况下，加入世界贸易组织在总体上给我国农业及农村产业创新创业带来了许多严峻地挑战，农产品贸易是不同于一般制造品贸易的特殊产品贸易，加入世界贸易组织并不意味着优势农产品的出口可以一蹴而就、一帆风顺，政治、信仰、心理距离、消费喜好、食品安全等因素都会影响和左右农产品的进出口贸易，给我国农业和农村的产业创新创业带来许多国际障碍。

（三）农村生态环境建设的挑战

农村产业创新创业面临着生态环境日益恶化的严峻挑战。生态环境的日益恶化使农村经济活动难以正常进行，增加了农业及农村产业创新创业的难度，破坏了农业及农村产业创新创业环境。在生态环境破坏严重的地方，干旱、风沙等自然灾害肆虐，人畜饮水困难，沙漠化、荒漠化加剧，导致人口迁徙和生态灾难。由于思想观念和战略部署上的局限和偏差，我国的农村产业创新创业始终被就业与失业的尖锐矛盾所困扰。一方面农村存在着大量剩余劳动

力，另一方面生态环境又日益恶化，如果把大量闲置的劳动力用于生态环境建设，在劳动力得到利用的同时生态环境也能得到改善，何乐而不为呢？更何况植树造林等生态环境建设劳动是难以用机械或技术所能替代的人类基本劳动，是最能发挥农村人力资源优势的产业创新创业途径。在市场经济条件下，产品和利润是财富，融于良好生态环境中的一草一木也同样是财富，而且良好的生态环境对国民经济整体的持续、协调发展来说是更重要的财富，更能实现资源、环境质量、生活质量的保值增值。当然在信息时代的今天，靠人海战术，仅仅靠开发利用人的体力来发展农村经济是远远不够的。如何在开发农村人力资源数量优势基础上，发展农村科学教育事业，提高农村人力资源素质，开发利用我国农村人力资源的质量优势，就成为我国农业及农村产业创新创业所面临的又一严峻挑战。

（四）开发利用农村人力资源的挑战

基于我国的国情和农村经济发展现状，农村产业创新创业如果不能有效地开发利用农村大量的剩余劳动力资源，把广大群众的产业创新创业积极性调动起来，形成“八仙过海、各显神通”的产业创新创业局面，农业及农村产业创新创业就很难取得真正成功。自古以来我国民间就有“以艺起身、以业立家”的说法，其核心就是产业创新创业。我国民间技艺源远流长，产业创新创业的文化底蕴十分深厚，农村身怀绝技的能工巧匠大有人在，产业创新创业将为发挥5亿农村人民的聪明才智提供产业创新创业平台。“百人出秀才、千人出俊杰”，人多出优秀人才的机会更多，从这一点来看，人多不是进行农村产业创新创业和

发展农村经济的劣势而是优势，丰富的人力资源为农业及农村产业创新创业提供了最基本、最宝贵的条件。在市场经济条件下，如何充分发挥农村的人力资源优势是农业及农村产业创新创业所面临的又一严峻挑战。

第四节　农村产业创新创业的途径

农村产业创新创业是农村生产力发展的根本标志，产业创新创业要具备一定的政治、经济、社会、文化和科学技术条件。农村产业创新创业的目标是增加农村就业机会和收入水平，提高农村劳动者职业素质和就业能力，培育农村经济内生增长的动因机制，推动农村经济的快速平稳发展。

一、农村产业创新创业

农村产业创新创业是一个涉及因素多、时间跨度长、综合程度高难度大的系统工程。农村产业创新创业具有明确目标、复杂的机制和多种途径。

（一）农村产业种类及组合的创新

农村产业创新创业是农村不同种类产业的增减变化和产业组合构成的改变。随着农村经济的不断发展，各种农村产业也在不断地进行着新陈代谢，适应农村生产力发展要求的新的产业不断诞生，而落后的不适应时代要求的产业就会逐步萎缩，直至退出历史舞台。由计划经济到市场经济，农村发生了翻天覆地的变化，这种变化首先体现在农村新旧产业的交替和更新换代上。在市场经济条件下，

适应市场要求的新的产业不断出现，农村产业的种类体现出越来越具体、越来越细化的趋势和特征，传统的产业种类和分类方式已经不能适应市场经济的要求。

农、林、牧、副、渔业的分类以及种植业、林业、畜牧业、副业和渔业内部的分类，服务于计划经济的需要，已经不能满足市场经济发展的客观要求。农村市场经济的快速发展，迫切需要对农村产业种类做出明确分类和调整，以满足农村经济产业化发展的需要。如种植业中的粮食作物与经济作物的分类，就根本不能满足细分市场、进行目标市场准确定位的需要，种植业产业分类要根据产品的市场同质性，细分到作物大类和具体作物。在市场经济条件下，水稻、小麦、玉米、大豆、油料、杂豆、蔬菜、果品、花卉、药材等作物和作物组，都有明确的目标市场，在产业创新创业中都应作为单独的产业来分类和对待。根据目标市场的同质性，水稻、小麦、果品等还可以继续细分，如果品可以分为干果和水果，水果又可分为苹果、柑橘、香蕉、梨、桃、杏等更具体的产业。农村产业种类的细化和具体化是市场经济发展的客观要求，也是进行农村产业创新创业的基础性工作。只有根据市场需求对各种产业进行准确的细化，才能为农村产业创新创业提供具有市场定位，从而形成各种产业的最优组合，达到优化农村产业创新创业的目的。

（二）农村产业规模及数量的创新

农村产业创新创业是农村不同产业规模及产业数量的增减变化。在细化农村产业种类的基础上，还要根据自己的资源优势和市场供求状况，进一步搞清楚各种产业的数

量，确立当地的主导产业和重点产业，积极发展有市场和竞争优势的产业，从而有计划、有步骤地进行农村产业创新创业。

主导产业和优势产业的确立是农村产业创新创业的核心内容。要在主导产业和优势产业基础上形成当地的优势产业结构，还必须对市场供求状况进行深入仔细的调查研究，分析未来消费需求的变化动态和变化趋势，把握竞争对手的生产经营管理情况，在对未来市场进行准确预测的基础上，确定各主导产业和优势产业的规模，实现市场化的规模经营，发挥产业优势，提高产业效率。产业规模和企业规模既有区别，又有联系。合理产业规模的确立必须建立在合理企业数量和规模的基础上。在市场经济活动中产业是抽象的，企业是具体的。所以产业规模的确定在实质上，就是企业数量和经营规模的确定。合理的产业规模必须有利于形成优势企业，保证企业实现高水平的规模经营，没有优势企业，就没有优势产业，更不可能有高质量的农村产业创新创业。

（三）农村产业布局及区位的创新

在确立产业规模、企业数量的基础上，农村产业创新创业还涉及不同种类产业分布及布局的改变。农村幅员辽阔，地域广大，地域资源优势和区位优势十分明显，所以在什么地方建立企业，以什么地域为核心来发展优势产业和主导产业，就是农村产业创新创业必须首先加以解决的问题。影响主导产业和优势产业地域分布的因素很多，但最主要的因素是资源和市场因素。发展主导产业和优势产业地域的选择，首先要考虑是否有利于发挥自己的资源优

势，是否有利于确立和形成市场优势。在农村产业领域，交通运输方便临近大中城市的优势农产品生产基地，就是发展主导产业和优势产业的较好地域。要做到科学地选择主导产业和优势产业，必须借助于区位理论的研究成果。区位理论可以从地理、气候、产品配送、运输距离、营销网络、人口集中程度、消费水平等诸多因素的综合考虑中，选择出最佳的适合于主导产业和优势产业发展的区位和具体地点，这一项工作是农村产业创新创业的具体工作内容。

（四）农村产业生产时间与时序的创新

在决定了产业种类、规模及区位的基础上，农村产业创新创业还必须对各产业生产的时间与时序做出合理安排。市场经济是秩序经济更是时序经济，市场对各种产品的需求不是杂乱无章的，而是有先有后、有一定时序的。要把生产的产品销售出去，把产业优势转变成市场优势，就必须把握各种产品的市场需求时间和季节性，掌握产品市场供求的时序规律，使农村产业创新创业的成果在市场上得到最大化的实现。任何产品的需求都有一定的季节性和时间规律，产品需求的季节性是产业和企业进行生产安排的重要根据，农村产业及企业的生产更是如此。要对企业产品市场需求的季节性和时间规律进行研究和把握，并据此对产业和企业生产做出科学安排，以便最大限度地适应和满足市场需求，提高农村产业创新创业的运作效率，推动农村产业创新创业和农村经济的健康发展。

二、农业产业创新创业

农村产业创新创业是农村内部各种生产项目、比例关

系、生产方式、生产手段和生产方向的改变。在大农村层次上，这一创新首先涉及农业、林业、牧业、渔业和副业各业生产方向、生产方式和相互关系的改变，而农林牧副渔每一个行业内部也要在生产内容、方式、方向等方面做出具体改变，不论哪一个层次上的产业创新创业都和农村经济发展密切相关。

（一）农村大农业产业的创新

农村产业创新创业首先应在宏观层次上处理好种植业、养殖业、渔业、林业和副业的基本关系，使各业的生产方向和生产内容最大限度得到协调和统一，从而充分发挥大农业产业创新创业的整体效益，为人民物质、精神生活的改善和农村经济的整体协调发展打好基础。农业特别是大农业是有别于工业生产的特殊产业，大农业结构是形成农业基本生态环境的基本框架，大农业结构不完善、不合理，国家的基本生态环境系统就不完善、就不稳定，生态平衡功能就不能发挥，资源环境系统就难以建立良性循环机制，就会影响和制约农业及国民经济整体的健康发展。农业作为特殊产业，集中体现在其生产活动所产生的巨大外部效益上。农业的巨大外部效益体现在难以用具体价值单位加以估量的生态效益、社会效益和长远利益等许多方面，这些和我们生存发展息息相关的外部效益，在现实经济生活中，又很难用调控工业生产所采用的供求规律或市场机制来加以调节。

农业产业创新创业存在着明显的市场缺位、错位以及市场失灵等现象，这一基本特征决定了农业产业创新创业离不开政府的积极干预，这是农业产业创新创业特殊性的

集中体现，这也是被东西方农业经济发展历史所证明了的事实。在农村经济发展进入实质性攻坚阶段的今天，不清楚农业产业的特殊性，就不可能把握住农业产业创新创业的正确方向，就不可能真正推动农业产业创新创业。市场经济条件下进行大农业产业创新创业，首先必须摆对政府在农业产业创新创业中的位置，承担应有的职责和义务，积极发挥政府对农业产业创新创业的宏观调控和政策引导作用。根据对农产品市场需求的科学预测，根据未来农业经济发展和人们对生态环境的要求，把握农业产业创新创业的基本方向，把农、林、牧，副，渔各业纳入正确的产业创新创业轨道，充分发挥大农业产业创新创业的外部效益，促进农业的产业化发展。

（二）种植业的产业创新创业

种植业是生产粮食和食物的产业，在市场经济条件下种植业的基本任务已经不限于生产食物，种植业是一个庞大复杂的产业系统，除生产粮食和食物之外，种植业还包括棉花、药材、蔬菜、果品、花卉等各种经济作物和工业原料作物的生产。所以种植业产业创新创业不是简单的依据市场需求所进行的“米袋子”或“菜篮子”成分和内容的创新，而是对各种粮食、蔬菜、果品、棉花、药材、花卉、工业用原料等作物比例关系的全面改变，是种植业生产方向、生产内容、生产方式、生产手段等的全面改变，是对丰富市场供给、增加农民收入、提高产品质量、提高农村生产效率的科学抉择。

在市场经济条件下，种什么和不种什么，多种什么和少种什么，都和市场需求与农民的切身利益密切相关，种

植业生产必须以满足消费者日益增长的对优质农产品的需要为基本目标。种植业产业创新创业要以市场为导向，根据市场供求状况来调整和安排具体的生产项目，充分发挥政府干预的积极作用，调动农民进行种植业产业创新创业的积极性。种植业产业创新创业具体涉及粮食产业创新创业、蔬菜产业创新创业、棉花产业创新创业、果品产业创新创业、药材产业创新创业、花卉产业创新创业等许多方面，这多方面的创新还可以继续细分，即使是同一种作物也可能因市场需求的不同而产生多种创新方向和产业创新创业点。例如蔬菜的反季节生产，同一粮食作物的常规生产、有机生产，无公害生产，同一原料作物的不同成分要求等都可能是进行产业创新创业的切入点。种植业内容的丰富多彩和复杂性，要求种植业产业创新创业必须从市场出发，把具体产业创新创业工作做细做实。

（三）养殖业产业创新创业

养殖业不仅为人们提供着各种异样的动物食品，而且还为农村经济发展提供着多种多样的产业化途径。随着人们生活水平的不断提高，人们对各种动物食品的需求越来越丰富，从马、牛、羊到猪、狗、鸡、鸭，从特种动物到各种宠物和观赏鱼类的养殖，都为养殖业的产业创新创业和产业化发展创造了条件。养殖业在内容上也是一个纷繁复杂的大系统。养殖业产业创新创业包括家畜养殖创新、野生动物养殖创新、特种动物养殖创新、宠物养殖创新、水产养殖创新、观赏鱼类养殖创新等许多方面。

家畜养殖创新又包括马、牛、羊、猪、狗、鸡、鸭等的产销创新，野生动物养殖创新包括狼、狐、鹿、鸵鸟等

产销创新，特种动物养殖创新包括龟、蝎子、蜈蚣、蛇、蚂蚁等的产销创新，宠物养殖创新包括猫、狗、各种观赏鸟等的产销创新，水产养殖创新包括各种鱼、龟、贝类、虾类等的产业创新创业，观赏鱼类养殖创新包括各种观赏鱼类、龟类、贝类、珊瑚等的产业创新创业。养殖业产业创新创业取决于人们的消费习惯和消费结构，与人们的生活方式和生活情趣有关。通过分析预测人们饮食结构和生活方式的变化，可以把握养殖业产业创新创业的基本方向。

（四）林业产业创新创业

林业和种植业并没有明确划定的界限，这导致种植业和林业产业创新创业经常交织在一起。林业产业创新创业是指各种和人类经济活动密切相关的木本、藤本植物产销环节的创新。根据用途不同，林木又分为经济林木、用材林木、观赏林木、生态林木和特种林木等类型。经济林木又有以果实为收获对象的林木，如各种水果、苹果、梨、柑橘、杏、桃、葡萄、核桃、枣、橙子、板栗、花椒、八角等。用材林木是指以树体躯干及枝叶为利用对象的林木，如杨树、柳树、红松、榆树等。观赏林木包括各种常绿树木、名贵树木、珍奇树木等。生态林木包括以水土保持、防风固沙、调节气候等为主要用途的林木，如沙棘、沙柳、胡杨、各种常绿林木、阔叶林木等。特种林木包括稀有林木、工业原料林木等，如苏铁、银杏、橡胶树等。不同用途林木的划分又是相对的，如经济林木淘汰后也可以做木材使用，经济林木在开花结果季节和生态旅游相结合，又可用作观赏林木，而生态林建设又和经济林、用材林、观赏林结合在一起，各种不同林木用途和作用的相互交叉，

丰富了林业产业创新创业的内容，增加了林业产业创新创业的复杂性和多样性。

林业是生态环境效益最为明显的产业，森林是地球生态环境系统的主体，有着巨大的外部效益，在维持和改善地球生态环境方面具有重要作用。没有森林生态系统的存在，就没有结构健全、功能正常的地球生态系统，农村生产和人类的各种经济活动就失去了基本屏障。林业是人类以建设林木植被为主要目标的产业，林业具有巨大的外部效益，是造福于人类的伟大产业。从这个意义上看，林业生产带给人们的直接经济利益，仅仅是其巨大外部效益的副产品。所以处理好外部效益与眼前直接利益、生态效益与经济效益的关系，是林业产业创新创业所面临的重大理论课题。

（五）副业产业创新创业

改革以放以来，在统计上副业被纳入了乡镇企业范畴。然而从严格意义上讲，副业和乡镇企业是有区别的，以家庭以下为生产单位的非农生产纳入家庭副业，对反映农村经济状况仍然具有实际意义。很多人仍然生活在农村社会中，一家一户的生产、生活组织形式，为各种农村副业的存在提供着土壤。如木工、铁匠、泥瓦工、漆工、编、织、绣手工艺等都是农村副业的重要组成部分，所以副业产业的创新仍然是农村产业创新创业不可忽视的部分。

副业是农民家庭重要的增收来源，副业不仅是农村生产的辅助产业，而且是发挥农民智慧提高劳动技能的重要产业。木工、铁匠、泥瓦工、漆工、编、织、绣等手工艺，用途广泛、技巧性强，在农村经济生活中有着深厚的土壤，

各种出自普通老百姓之手的手工艺品，名扬四海，深受国内外消费者的喜爱。在农村产业创新创业中重视副业产业的发展，对增加农民收入、丰富我国农村产业创新创业的内容具有重要的意义。副业是劳动密集型产业，有利于发挥我国农村的劳动力资源优势，副业产品还具有浓厚的文化特色，和旅游业、外贸业相结合，易于形成农村产业创新创业的独特优势，具有很大发展潜力和市场竞争优势，是加入世界贸易组织后应大力发展的农村产业。

三、农村非农产业创新创业

（一）农村基础产业创新创业

农村基础产业包括农村生态环境建设业和农村基础设施建设业两大产业。农村基础产业是农村经济发展的基础，也是国民经济发展的基础。农村基础产业创新创业是农村产业创新创业的重要方面，要从根本上加强农村的基础产业，如农村基础设施建设、农村生态环境建设等。加强农村基础产业，对农村经济的持续发展和农村产业创新创业的提高具有特别重要的现实意义。农村基础产业创新创业要确立生态环境建设和基础设施建设在农村经济发展中的战略地位，为农村加工制造业、农产品加工业、第三产业创新创业和发展打下坚实的基础。

（二）农村工业及农产品加工业创新创业

农村工业是农村实现经济快速增长的支柱产业，是支持农村经济长久发展的重要产业，和城市工业具有同样的独立性和先进性。发展农村工业，必须在战略上重视农村工业，

确立农村工业在农村经济中的地位，农村工业产业创新创业要从城乡工业整体发展的战略高度，做好城乡工业产业的布局和区位配置，在具体产业内容上要实行城乡工业生产领域的错位，避免城乡工业的正面恶性竞争。要对农村工业的种类进行重新定位和定义，农村工业在重要性上和城市工业无异，但在具体生产项目和生产领域方面，要体现城乡工业体系的差别化，形成农村工业的独特产业特色。

农产品加工业就是应大力加以发展的农村工业。农产品加工业是建立农村生态环境建设业、基础设施建设业等基础产业之上的第二产业，是农村产业创新创业由传统向现代转变的重要途径。要以农产品加工业为核心大力加强农村新兴产业体系的建设和发展，加强和提高农产品加工的产业创新创业啤力。

没有农村工业和农产品产品加工业的发展，农村产业创新创业就不完整，农村产业创新创业能力也不可能得到实质性提高。农村工业创新是农村产业创新创业的主战场，也是吸纳农村剩余劳动力的主战场，也是提高农村经济实力和农民经济收入的重要途径。要把农村建筑业，运输业，企业化、工厂化了的种植业、养殖业创新也纳入农村工业创新范畴，拓展农村工业的生产领域，提升农村工业体系的档次和地位，加快农村工业的创新和产业化进程。

（三）农村的第三产业创新创业

在农村第二产业得到长足进展的基础上，要采取有效措施加快农村第三产业创新创业，大力发展农村金融业、餐饮服务业、维修服务业、商业、家政服务业、旅游服务业等。第三产业服务于农村基础产业和农村工业的发展，

促进农村第一和第二产业的发展，是农村生产力发展的重要标志，也是农村产业全面创新的客观需要。第三产业大多是劳动密集型产业，可以发挥农村的人力资源优势，可以为农村人民提供就业门路和收入来源，第三产业的发展体现着农村产业创新创业能力的提高，是农村经济发达的体现。农村第三产业创新创业要以市场为导向，以提高服务质量为核心，加强先进经营管理经验的学习，把第三产业的素质搞上去。

第六章　农村产业融合的创新创业

第一节　农村产业融合发展的背景

中国在加快推进现代农业发展的进程中进行了多年的探索。在中国农业发展的主要矛盾已由总量供给不足转变为产业结构性矛盾，突出表现为人们对食品安全和涉农多元化消费日益增长的需要与农产品供过于求和涉农服务供给不足并存的大背景下，中国农业进入了新的历史发展阶段。目前，国家对农业的支持是空前的，强农惠农政策的出台也是较高频率的。但现存的农业生产要素配置不合理、资源环境压力加大、农产品供求结构的失衡和农民收入增长乏力的状况始终还没有得到预期的改变。农业投入增大和农业规模扩大与农业效益低下的矛盾依然显著。因此，提高农业综合效益和竞争力，提高农民幸福指数和建设绿色发展的美丽乡村仍然是目前我国现代农业亟待解决的重大发展问题。

一、长期以来农业作为弱势产业的状况越来越难以为继

过去我国农村各产业之间相互独立，农村生产经营主体一般仅仅从事某一产业内部某个环节的经济活动。农业

生产环节的经营主体主要是农户，农产品流通环节主体主要是农村经纪人和供销社，农产品加工环节的经营主体主要是企业，这三类经营主体的利益链是分割的。特别是农村很多工业企业并非从事农产品加工。如20世纪80年代异军突起的乡镇企业，多数从事的是高污染、高消耗的传统非农产业，与农业各产业之间缺少关联性，最终许多企业不得不走向消亡。这类加工企业虽对当地农民就业和增加工资性收入有所贡献，但在很大程度上却是以牺牲农业、牺牲环境为代价，导致了农业的萎缩，农产品安全问题日益突出，对农业和农村资源的无序“掠夺”使“青山绿水”遭到很大破坏，农业资源和生产要素配置不合理的问题始终得不到解决，农业效益低下和农民收入乏力的状况始终没有多大改变，甚至陷入因环境问题出现恶化和农业发展不可持续的窘境。因此，迫切需要探索着力构建摆脱农业弱势和农业比较效益低下的现代产业体系和涉农经营主体的利益融合与共享机制。

二、农业在国民经济中的基础地位越来越受到严峻的挑战

随着我国工业化、城镇化的迅速发展，农业劳动力从乡村向城镇流动出现了规模化和常态化的趋势。在越来越多的农村地区，农村人口和劳动力老龄化、农村空心化和乡村凋敝化等现象已成常态。由于搞农业生产赚钱少、赚钱难，大量农村主要劳动力外出务工，我国各地农村普遍现状是留守老人、留守妇女和少量的留守劳动力在家从事农业生产活动。我国在加快现代化进程中出现的农村留守儿童、留守妇女、留守老人和“谁来种地”“如何种地”等

问题已愈来愈凸显，加上一直以来我国农业又主要局限于提供加工业原料和农产品，农民增收渠道狭窄。因此，怎样突破农业仅仅局限于田间地头和养殖场的约束，拉长产业链，有条件实现更多的价值增值，让农民有机会分享到更多收益，遏制农村生态环境恶化和加快建设美丽中国的需要，这些已经成为我国农业发展面临的严峻而又必须尽快破解的难题。如何持续强化农业基础地位、增加农村就业机会，把促进农民增收与培育农村新业态和农村新经济增长点结合起来，把促进农村产业发展与改善农民的生产生活条件、建设美好乡村及共享改革发展成果结合起来已成为必须破解的重大课题。

三、农业供求关系的新变化

农业供求关系的新变化正表现为由“生产导向”向“消费导向”的转变，进入建设中国特色社会主义的新时代，我国为实现现代化和“中国梦”的目标比以往任何时候都更加接近和显现。城乡居民的消费结构和对生活方式的选择正在发生新的重大阶段性变化。一是人们对食品安全、健康养生消费的重视程度明显提高，农产品消费日益呈现功能叠加化、多重化、便捷化和安全化的趋势，个性化、品质化、高端化日益成为农产品消费需求增长的重点。传统的农产品供给方式和服务方式已不适应人们日益增长的对食品消费的需求。二是随着城乡居民收入水平的提高，人们对农村资源的需求已不是满足仅仅是作为提供食品的来源，而是还要满足人们对以农村农业为载体的观光旅游、休闲养生、文化传承、科普教育、体验探秘、生态环保和留住乡愁等消费需求。三是以国家推进的建设“美丽中国”

为契机，广大农民群众对加快建设现代农村和现代农业均有着从没有过的期望。因此，农业的供求结构正发生着质的变化。按照“消费导向”多元化、高级化的要求，越来越需要农业的生产活动与农产品加工业和服务业紧密结合，致使产业链条和价值链条不断延伸，农业多功能和新功能表现为涉农的二三产业的特征越来越凸显。

四、对以往农业产业化的反思要求构建农村产业融合的新模式

为解决农业比较效益偏低的难题，对我国农村产业融合的探索可以说至今经历了两个阶段。起源于农业产业化经营，农业产业化经营是初始化阶段的农村产业融合模式，而目前所推进的农村产业融合则应是区别于和高于初始化阶段的新模式。初始化模式主要是依靠龙头企业的嵌入农业，通过发挥龙头企业的辐射带动作用，把农业产前、产中、产后各个环节联结起来，龙头企业通过经营加工业，向前延伸建设基地带动农户，旨在向上游建立原料基地，向后延伸发展物流和营销体系，实现“产加销一体化”“农工贸一条龙”的一种农业经营方式，将产业链条覆盖农产品生产、加工和销售全过程，意在解决小农户与大市场的对接问题的同时实现企业投资农业的预期目标。许多在规划和设计上也提出了龙头企业要与农户建立“风险共担、利益共享”的利益联结机制，但在实际运作中，由于农户只是靠单一的农产品供给功能和单一的租让承包地为合作筹码，有的耕地在租让期内的土地的市场增值和收益又大多与农户无关联，企业（公司）虽和农户合作，但交易双方并没有形成真正的利益联结机制，农户难以分享到农产

品加工和销售环节的收益。在推进农业产业化中的一些工商资本进入农业后，只是代替了农民而不是带动农民，导致农民在农业发展中被边缘化，更与农村社会发展不关联。以往的农业产业化经营模式，大多只是解决了生产经营环节的融合问题，但农业产中环节的收益与产后环节的收益脱节问题并没有解决。由于农民在农业产业价值链中处于末端和弱势位置，被置于不平等的谈判地位，话语权被漠视，不仅无法分享加工、流通和销售环节的增值收益，就连生产环节的收益也不能完全得到保证。因此，迫切需要构建农村产业融合的新模式，以改变农业功能单一化和农户难以分享产业链延伸的收益问题。

第二节　农村一二三产业融合的趋势及特点

一、现代农业与当代农村产业融合发展相辅相成

农业产业融合的现象和趋向可追溯到较久远的历史。长久以来，农业生产不仅为人们提供了最基本的生活资料，如满足温饱和住宅所需等，还为工业提供了源源不断的生产原料，进而带动了商业和传统服务业的发展。这种传统产业融合的趋向推动了农业文明向工业文明的过渡。改革开放以来，在农村家庭经营承包制极大地调动小农生产的潜力和创造力以来，如前所述，人们还积极探索了农工商一体化、产加销一条龙的农业产业化经营模式，但就其内涵和实践结果而言，这还并不是现代意义的农村产业融合。随着先进生产要素对农业的注入，现代农业所要求科技的渗透、适度规模化经营、生产的标准化、信息化、机械化

和产品安全及品质的提升等为促进当代农村一二三产业融合提供了强劲的驱动力和基础条件。使农业产业化从单一的纵向经营发展渗入到多重的生产生活服务及高新技术等领域，拓展了横向增值空间。而农村一二三产业融合发展通过充分发挥农村天然和现存及潜在的优势，集约配置资本、技术和资源等要素，不断挖掘农业的多种功能，培育壮大农村新业态，促进农业生产和加工及流通、农资生产销售和涉农等服务业有机整合，又对现代农业延长产业链、推进各产业协调发展，提升涉农产业价值增效、确保农民持续增收、加快转变农业发展方式和农业竞争力的增强，加快建立现代农业产业体系和加快实现农业现代化营造了创新的体制机制和打造了内生动力。因此，现今的农村产业融合是伴随着现代农业的发展应运而生的大趋势。

二、加快促进了农业增效和农民增收及农村繁荣

推进农村产业融合并不仅仅是做大做强现代农业，也并不仅仅是作为转变农业发展方式、助推现代农业发展提供有力支撑。同时更注重如何通过农村一二三产业融合实现提高农民收入和达到建设宜居美丽乡村的愿景。因此，推进农村产业融合旨在实现经济和社会效益的双重目标。这就要求在规模化、集约化的农业生产中，在农产品加工业和休闲农业中，在发展新型业态的农村服务业中，使农民能分享到种植养殖、加工和贸易流通利润。如何以市场需求为导向，构建农业新型经营主体与农民的利益联结机制和共享发展成果是探索农村产业融合面临的重点难点问题。因此，将农村产业的增值收益实现让农民合理共享，形成经营主体间合理的利益联结机制是推进农村产业融合

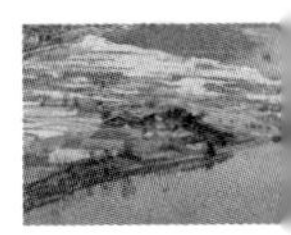

发展与过去推进乡镇企业和龙头企业的产业化经营的最大区别。目前，我国许多农村在促进农业“接二连三”的过程中，正通过引入现代农业的新技术、新业态和新模式来培育新型经营主体，加快挖掘农业及其关联产业和农村资源的经济价值、生态价值、休闲价值、文化价值、科普教育价值等价值体系，发展乡村旅游、电子商务、订单直销、城乡物流、养老休闲、医药及健康等现代特色产业，不断拓展农业农村发展新领域和新空间，形成了农村经济发展和农民增收的新格局。

三、促进中凸显了涉农服务业较强的枢纽作用

在推进现代农业发展中，加快农村产业融合一个突出的产业运行特征是农村服务业多层次、多类型、多元化的凸显。农业现代化程度不断提高，一方面减少了种植和养殖过程中的劳动力，另一方面涉农服务业成长和新业态的出现也更加显现，创造了更多的就业岗位。目前，以农业为依托、以吸纳农民为就业主体的涉农服务业正成为农村一二三产业融合的载体，发挥着农业接二产、连三产的枢纽作用。农村产业融合发展，不是要把涉农工业和服务业简单布局，而是要有序调整涉农产业布局，优化农业农村资源配置，促使农村产业融合与新型城镇化、新农村建设、城乡发展一体化有机结合，扩展农业功能和增值空间。目前，乡村发展较快的农村电子商务网络、城乡物流企业、乡村旅游平台、休闲养生载体、农业产业园区及工业园区、城镇大中型超市及农贸农资交易中心等都不同程度和多维度地发挥着融合农村一二三产业要素的关键作用。如各地乡村出现较为普及化的乡村旅游，就是利用农业生产成果

和农村资源的景观，促进了各类特色乡村旅游产品的生产和当地农产品加工业的成长，并推动了乡村基础设施的建设。

四、农民受益最显著的表现形式是工资性收入的增长加快

农民是农村产业融合的经营主体，实行家庭经营承包制后农民取得收入的最主要来源是家庭经营收入，以生产粮食、经济作物和提供畜禽产品的农业种养业为主的收入来源长期以来是农村家庭经营性收入的基本部分，同时还伴随有农户家庭在乡从事的非农经营收入。随着市场化的推进，农民收入增长中工资性收入愈来愈成为主要的贡献因素。就农民的工资性收入增长而言，迄今为止大致经历了两个阶段：一是“离土离乡”的外出务工所得收入。迄今为止，通过在城镇和非农领域务工获取的工资性收入已成为增加农民收入来源中最重要的组成部分和缩小城乡差距的重要途径。而大量以亿计的农民工也成了我国推进工业化、城镇化和现代化进程的重要驱动力。农民外出务工的工资性收入仍将在相当长时期成为农民收入的主要贡献来源。二是随着农村产业融合的深度扩展，涉农加工企业和服务业效益的提升，农民除了可从土地流转获得收益外，农民“离土不离乡”在二三产业就业的工资性收入和从事农业产业化经营的工资性收入也正愈来愈表现为农民家庭经营中成长性较好的收入来源。因此，目前农村产业融合发展的一个显著标志是农民在乡就近就地就业中工资性收入在农民收入中的比重将不断提高。

五、农村产业融合表现为多层次、多元化的相互关联方式推进

随着现代农业的发展、农村产业空间布局的调整和农业发展方式转变加快，农村产业融合方式主要呈现如下趋势。

1. 就产业延伸取向而言

一是以农业为基础，向农产品加工业和生产服务业延伸。以农业生产活动和乡村资源开发为依托，向乡村旅游业和休闲业等延伸。例如，农产品产地直销、农家乐、家庭手工艺品等产销模式。以农民专业合作组织为例，包括依托农民合作社，组织农户开发当地优势资源，通过兴办加工业和运输业，将产业链条逐步由生产环节向加工和流通环节延伸，主要通过农民合作组织兴办加工业，采用农产品销售对接城乡超市和对接城市社区等方式；兴办村庄旅游业，带动农产品、土特产加工和乡村旅馆、饮食、娱乐业等业态发展。由此实现通过挖掘农业和农村的多种功能，使当地农村得以分享到产业的增值收益，使农户得到了多重的实惠，这是目前农村产业融合的一种典型形式。农民主要通过专业合作社这个载体，实现了产业链条的延伸和产品附加值提高，同时又通过专业合作社的分配机制使农户分享到了产业增值收益。当然该模式的健康发展还取决于合作社运行的规范性、取决于其规模和实力及不可缺少的好的带头人。二是出现依托农村服务业和农产品加工业向农业逆向融合的方式，如建立农产品贸易和展示交流中心（平台）及物流载体，推进连接农村种养业的农产

品加工业的原料基地建设，提升农产品生产的标准化和规模化程度，深化产业间分工协作。

2. 就产业空间布局而言

一是注重一二三产业在农村空间集聚，形成“一村一品”“一乡一业”的集约化格局，以市场有效需求为导向，构建相关产业组织的联动机制，做大做强以农业为依托的特色产业和优势产业。二是农业和涉农的二三产业在空间上呈现为分离或半分离状况。一二三产业主要通过信息化的渠道和交通及物流基础设施实现产业融合。这种产业融合方式主要通过各经营主体构建的契约关系或经济合作组织的制度安排，如公司+基地+农户、公司+合作社+基地+农户、线上线下等进行有机结合实现的。农村产业融合的空间布局不论哪种方式，一个共同点是产业间是形成了相互关联、相互渗透及产业效应相互转化和传递的产业链和有机体。当一二三产业在农村同一地域布局和设立，若彼此延伸的产业链和效应没有内在的关联性和相互影响，农业生产和农业资源的功能没有得到有效扩展，就不能归为农村产业融合发展的模式和范畴。如一个以种粮为主的乡村或小镇，坐落有石材厂或木器加工厂，乡道边有小餐馆、小旅馆及日用品日杂小商店，就这一乡域而言，该地的这一产业分布仅是传统分工的形式，而不是农村一二三产业融合的体现。

3. 就产业功能而言

农产品生产活动和土地、水、环境、劳动力等农业生产要素及自然资源等的功能和由此产生的效应表现为不断

扩展和提升的趋势。通过深入挖掘农业的生态、文化、旅游等价值，原有以提供满足人们食品需求为主的农业功能被赋予了旅游观光、休闲、度假、健康、体验、娱乐、探秘、科技科普、文化传承、教育、创意、生态等多元功能。而每一类功能都是以农村、农地环境为依托与满足人们不同消费需求的各类服务业、各类配套的加工业相结合实现的。就其功能的扩展而言，主要表现形式：一是通过产城融合。旨在把推进农村产业融合发展与推进新型城镇化、美丽乡村建设结合起来，由此不仅能为农村居民新增众多的就业岗位，吸纳较多的农村转移人口，同时带动城乡的一体化发展，激活农村发展潜力转变为现实的新生产力。二是通过农业产业间融合。遵循绿色发展理念，以循环经济为导向，合理调整优化农业种植养殖结构，以农牧结合、农林结合、农水结合、农旅结合为主，促进农业各产业增效和农民增收。三是通过产业经营主体间的融合。以农业专业合作社、种植养殖大户、家庭农场和涉农企业间及与农户的合作经营为载体，通过紧密的契约关系构建利益共同体，延伸和拓展农业产业链，加快发展农产品加工和流通，加快发展农村生产和生活服务业及新型业态。四是通过科技与农业的融合。加快“互联网+现代农业”的实施，主要是以互联网为载体，依托现代信息技术和物流手段，将农产品销售市场拓展至全国乃至全球，谋求交易成本的最小化，其实际运作是大力推进农产品电子商务和物流业的规模化与品质化及普及化。同时，从绿色发展和循环农业与生态农业的视角加快农业先进技术对农业的渗透，为现代农业发展提供强有力的科技支撑。

第三节　农村产业融合发展的价值取向

一、为加快现代农业发展开辟了新的途径

以往加强现代农业建设的途径更多的是关注农业自身的集约化程度，重在夯实农业的基础设施，加大科技对农业的投入和支撑作用，促进土地的规模化经营和提高农业从业人员的科技素质等。但纵观看，就产业而言，在实际运行中仍较多是局限于农业内部的资源整合和配置，所涉及的延伸农业产业链只是重在产加销的一体化经营。而农村产业融合发展则是依托一二三产业的对接与各个经营主体的合作经营，拓宽社会资本和先进生产要素进入农业农村的通道，深入挖掘农业农村资源的增值潜力和产业链的延伸功能，从而有利于更好地发挥现代加工业和服务业对农业发展的促进和带动作用，夯实发展现代农业的基础。因此，农村产业融合对于培育农业农村发展新动力、拓展农业发展新空间、构建农村现代产业新体系、加快农业现代化应是一个很好的新途径。

农村产业融合发展对推进现代农业的价值取向主要体现如下：一是农村产业融合发展，要求在产业链延伸的各个环节广泛应用相关联的现代农业科技成果，注重为发展生态农业、有机农业和推进循环农业提供科技支撑，不仅能较大的改变农业发展空间相对狭小的局限，优化农业的种植和养殖结构，还能增强农业可持续发展能力，大大促进了农业现代化进程。二是农村产业融合发展有利于通过发展休闲农业、创意农业、智慧农业等产业融合新领域，

增加对基础设施、人居环境及设施等建设和投入，完善农村公共服务体系，为发展现代农业和推进美丽乡村建设营造良好的发展环境。在现实中，如农村越来越多的新型农业经营主体创立农家乐、发展休闲和观光及养生等产业，给游客和消费者提供的需求将包括对农业生产活动和乡村生活的体验，对乡村自然风光的观赏，对乡村历史文化的了解，对农耕文明与都市文明的比较等方面，对发展现代农业注入了新的元素。这种新型的现代农业不仅生产农产品，通过整合农业资源、乡村资源、文化资源等，还提供相关的旅游、餐饮、住宿、娱乐、科普等服务，引导了农村服务业产业化和网络化。这种新型的业态已经突破了传统的农业作为第一产业的局限，实现了一二三产业融合，不仅具有农产品供给功能，而且具有广泛的社会效益功能，给发展现代农业赋予了新的内涵。

二、为农村经济新增长点创造了有利条件

农村产业融合发展顺应了我国消费结构升级的大趋势，为更好地满足城乡居民多样化的消费需求，带动形成了城乡居民消费新热点和培育了农村经济新增长点。推进农村产业融合重在通过挖掘农业农村现存的潜在的多种功能，开发利用农业农村的特质资源和稀缺的自然与人文资源及特色优势，改变农业仅是食品和工业初级原料的生产及供应来源的局限。其主要体现：一是能促进农村经济多元化，通过种植和养殖结构的优化和合理布局，加快分工的细化与价值链的延伸，培育新业态和丰富农业农村发展的内涵和增值渠道，促进农业农村的生产、生活、生态功能的有机结合，催生智慧农业、创意农业、生物农业、休闲农业

等新业态，打造农村经济新增长点。二是农村产业融合将农业功能向社会功能、文化功能、安全功能和生态功能等多功能拓展，进一步催化新的产业形态和消费业态，使农业和乡村被赋予了生态休闲、旅游观光、文化传承、科技教育、环境保护等非传统式农业的功能，在促进农业发展方式的转变、带动农民就业增收、推进美丽乡村建设、拉动消费升级等方面发挥了积极作用。三是农村产业融合并不是消除乡村，而是在工业化、城镇化进程中更加维护了村落功能和农村环境，留得住“乡愁”，更好地满足城乡居民多重的生活与消费需求，使其顺应或引领城乡消费结构升级，并不断创造新的社会需求，促进城乡的一体化发展。

三、为加快实现农民增收注入了新动力

近年，我国农村居民收入总体上保持了较快的增长，城乡居民收入差距扩大的态势得到了较好的扭转。这其中一个很重要的趋向是农村产业融合发展产生的效应结果。农村产业融合发展具有依托农业、利于农村、惠及农民的特点。突出表现在订单加工、连锁直销、乡村旅游、电子商务、城乡物流等体现农业产业融合的不同表现方式的出现，使农业生产活动突破了传统的生产环节之外，增加了农产品加工、包装、运输、仓储、销售和服务等环节，扩大了农民就业机会和增收渠道。在农村产业融合中，农户一方面依托农业专业合作社、家庭农场、龙头企业、供销社、行业协会等经营主体的带动与加入，建立多形式利益联结机制，同时，农户通过家庭自主经营，在从事农业生产的同时，在同一区域从事农产品加工流通和休闲旅游，从而使农户通过产业融合能实现就近就地分享非农产业发

展红利，农民实际能分享到产业链增值的收益也将不断常态化。另一方面在农村产业融合中，通过土地流转的规模化经营和社会资本进入农村，很大程度激活了农村土地、宅基地和金融市场，这也将为增加农民财产性收入做出贡献。因此，农村一二三产业融合发展为实现小农户和现代农业发展有机衔接提供了新途径，推动了农业生产要素跨行业配置和农业与加工业、服务业在有机整合中力求将农产品和农村资源利用在加工环节、流通环节、消费环节、休闲环节和服务环节等的收益尽量多地留在当地，留给农户分享，使农户在一二三产业融合中能获得公平收益。

四、为农业供给侧结构性改革提供了有力支撑

随着我国农业生产成本的上升和国际农产品市场的竞争压力持续加大，以往以追求产量和以分散经营为主的农业经营模式已经难以为继，部分农产品供过于求，导致农民面临着“卖难”的困境，农业经济的结构性短缺又制约了农产品有效需求的扩大，特别是农产品的品质和安全水平已越来越难以满足人民群众生活水平提高的需要。农村产业融合发展推动了农业供给侧结构性改革的深化。一是促进了农村经济领域中新产业、新业态和新动能的涌现，通过依托农业资源和延伸农业产业链与价值链，极大地改变了农业的传统经营方式和对农村资源利用的低效应状况，开发了农业的多种功能，拓展了农业的增值空间和农民增收的就业渠道，从而使农业的产出和服务更能满足人民群众的消费需求。二是促进了农业资源与生态、民俗及传统文化资源等特质资源的综合开发利用，推进了农业与旅游、加工、餐饮、建筑、信息、教育和文化等产业的深度融合，

加快优化了农村经济结构，从而使农业供求关系更能有利于推进现代农业的发展需要，为提高我国农业的综合竞争力夯实了基础。

第四节　农村产业融合发展的方向与农村创新创业带头人

一、加快推进农业供给侧结构性改革，夯实农村产业融合基础

（一）把发展现代农业作为延长农业产业链的主要驱动力

我国在保持粮食安全的前提下，应把发展特色农业作为推进现代农业的核心，进而加快农业产业链的延伸。我国农业实施适度规模化经营和标准化生产，发展现代高效农业主要应着眼于已形成规模化的优势特色农业做大做强，推进优势特色产业向优势区域集中，规划确定各区域的农业专业化分布定位，构建农业专业生产格局，进而为建立对应各农业优势产业的特色农产品加工业奠定原料供给基础。同时，通过大力发展具有绿色农业内涵的现代农业，提高农产品的品质和生态价值，满足城乡居民日益增长对食品安全及健康的需求。为此，首先要积极培育、筛选产业融合发展项目。立足本地资源优势，积极将各县域的优势产业培育为产业融合发展项目，为一二三产业联动提供充足的储备项目。在加快构建现代农业产业体系和农业经营体系中要不断优化农业产业结构，丰富农业农村发展的

内涵，增加农村就业增收机会，夯实农村产业融合基础。

一是推动农业向专业化发展。应坚持因地制宜，宜农则农、宜牧则牧、宜林则林，构建农业生产与资源环境相协调的农业发展格局，要按照国家的主体功能区的规划要求构建各具特色的现代农业产业体系和确定农业发展方向。二是各地区应立足本地资源优势条件，围绕现代农业发展定位，以特色优势产业集中集聚发展为重点，形成专业化、规模化、高效率及优势互补的现代农业产业格局。三是应积极发展农业新业态。充分利用各地资源优势，加强农村农业基础设施建设，推出一批农业“接二连三”的新业态，提供满足人民群众对美好生活需要的优质产品和服务。四是应推动农业向品牌化发展。各地区应立足特色优势，围绕当地具有资源优势的农产品，发展一村一品、一乡一业，注重品牌农业的打造，增强特色品牌效应，建设一批精品农产品基地，形成专业化、规模化、特色化的农产品生产、加工、销售区，发展成为农业特色村、农业特色镇，以此为主要方式推进农村产业融合，为农村产业融合提供更多有利条件。五是构建适应现代农业生产的公共服务体系。由于农产品鲜活及消费的特点，保鲜和储运的瓶颈是限制农产品市场空间拓展的主要原因。农业特色村（特色镇）及农产品集散地对农产品的采摘、包装、储藏、保鲜、运输以及其他服务项目具有较大规模需求，为实现规模经济效益，节约农业生产成本，要加大现代农业服务体系建设。六是推进农村产业融合发展中要与推进新型城镇化战略有序对接起来，将农产品加工业和服务业向县城和就近产业园及小城镇适度集聚，完善城乡产业分工协作关系，更好地发挥城镇产业对农村产业的辐射和带动作用。

从发展现代农业的视角夯实农村产业融合基础要侧重于农村产业融合的纵向延伸。一是通过契约关系或股份合作制的制度安排将农业生产资料供应，农产品生产、加工、储运、销售等环节连接成一个有机整体，实现产加销一体化，打造现代农业产业体系。二是以农业生产为中心向前后生产性服务业延伸，将种子、农药、肥料、农机、农技推广、信息、质检、金融保险、市场管理和商贸物流中心连接起来，实现提供公共服务与市场服务的对接。这其中包括：通过融资、招商和技术服务加快农产品加工业的优化布局，尤其是要促进优势农业主产区加工业转型升级；建设高标准的农业生产基地，建立生物防控技术体系和加快与有机绿色种植、养殖用户的对接；支持农村专业合作社、家庭农场实现产地与城镇商贸中心和大型超市的直供直销；建设区域性的综合农贸服务中心，完善跨区域农产品冷链物流体系，增设农产品“绿色通道”的运输通关种类和大宗产品；大力支持农村经济能人和返乡创业务工人员及大中专学生加快做大做强农村电子商务。

（二）把提升农业生产功能作为培育农村内生发展新动力

一是推进产业融合发展要注重围绕市场需求发展生产，提高农业供给体系的质量和效益。要推进农业由“生产导向”向“消费导向”转变，顺应农产品消费的新趋势，围绕“舌尖上的安全”和“舌尖上的美味”加快调整农业生产结构和服务结构，大力发展适销对路的农业生产，提升农业生产功能的强度。二是大力推进循环农业、有机农业的发展，加快农村土地整治、农田基本建设和退耕还林还

草进程，落实好乡村的“河长制”和“湖长制”，提升农业生产的生态功能。三是推进农业与旅游、文化、健康、养老等产业的深度融合，结合美丽乡村创建活动和乡村旅游示范点创建以及各地历史文化名镇名村保护与利用，打造形式多样、特色鲜明的乡村旅游休闲养生品牌，提升农业生产的生活功能。四是促进产城融合。通过推进城镇化吸纳更多的农村转移劳动力，在有助于推动农业规模化经营的同时，推动和鼓励工商资本进入发展现代农业领域，这样有利于工商资本在从事现代农业中带动相关具有生活和生态功能产业的联动发展、协调发展，实现农业从单纯的生产向生态、生活功能的拓展。

从发展现代农业的视角夯实农村产业融合基础，还要注重农村产业融合的横向拓展，依靠独特的自然和农业资源、产业特色、历史文化等，开辟涉农的新兴加工业和服务业，以挖掘农业创新的成长价值和农民就业增收的新亮点。要以人民群众的生产和生活需求为产业融合的导向，以需求定生产和调整产业结构。政府应支持有条件的地方盘活农村资源和资产的存量，支持和培育一批繁荣农村、富裕农民的新业态新产业。

（三）把发展农产品加工作为提高资源利用附加值的主要推手

现阶段我国农村产业融合发展，既要明确融合的基点在农业，又要明确融合的关键在农产品加工业。农产品加工业在农村产业融合中有着其他行业所不具备的优先条件和特性。农产品加工业首先需要依托原料供应产地，其产出又必须要与市场对接，因此，在农村产业融合发展中，

它不仅处在产业链前延后展的中枢位置，还是一二三产业融合发展的内生动力。一是可以农业产业园区为载体，引导种养业主和其他社会资本在区域内发展农产品深加工，围绕农产品加工企业，吸引相关配套企业进驻园区，形成产业集聚，实现产业上下游各类载体有机衔接，降低交易成本，增强农村产业的融合，促进农村产业协同发展。同时，政府应积极引导和支持有实力的农产品加工企业通过与农户合作建立规模化的原料基地和市场网络，将其作为一二三产业重要的融合体。二是注重就近就地发展农产品产地初加工。农产品产地初加工是指在农产品收获后进行的首次浅层次的加工，使农产品收获后能适于进入流通和精深加工的过程，这类初加工主要包括产后净化、按类分拣分级、储藏入库、保鲜处理、依标准包装等环节，应就近就地为好，以便于直接受惠于当地农村和村民。三是随着我国城镇化快速推进、居民收入水平不断提高和不同年龄不同消费群体生活节奏的各异，城乡居民食物消费结构和消费方式正在发生不同程度的变化和分化，为满足城乡居民对主食品加工化生产和社会化供应的日益迫切的需求，应通过推进主食加工业提升行动，实行政策倾斜，加快促进主食加工业发展成为农产品加工业的重要部分。如可通过对初加工用电、享受农用电政策等方式完善农产品产地初加工补助政策。

（四）把发展服务业作为扩展农业功能和延伸价值链的重大举措

现阶段，一是优先支持鲜活农产品冷链物流体系建设、电商平台与实体流通相结合的农产品产销对接等。通过大

力开展电子商务和物流进农村的推广工作，努力缓解“小农户与大市场”对接的困境，推进城镇连接农业生产基地及村屯的农产品电子商务一体化建设。大力支持新型农村创新创业带头人发展农产品电子商务，以此带动和辐射广大的分散农户，促进农村电子商务事业成为农村青年和回乡的大中专毕业生创业新平台和县域经济发展新引擎。支持物流企业向农村网点拓展，鼓励城市商贸中心和社区商贸网点与农产品生产基地、农业产业园区对接，进一步支持涉农企业发展产地与社区直销等销售业态，完善配送及综合服务网络，实现消费带动生产，缩短中间环节，提高流通效率，促进产销协同，实现农民增收和市民受实惠。二是充分利用我国优质的生态和自然景观资源，挖掘民族、农耕和红色文化资源，以打造美丽乡村为切入点，大力发展休闲观光农业。休闲农业是农村产业融合的最佳选择。休闲农业以农业为基础、以农民为主体，以乡村为场所，是贯穿农村一二三产业的重要载体。其中首先要打造具有本地农业特色的乡村旅游精品路线，鼓励发展各类种植区、林区和牧区及生态区的农家乐等农业服务项目，着手规划布局和提升镇级人民公园与民俗园的档次水平，丰富以农业为主题的消费内涵，使之更好地服务于城乡居民的生产生活。

二、加快培育适应产业融合发展的创新创业带头人

（一）创新创业带头人在推进中要适应产业融合发展的需要

农村产业融合发展是以农业为根基，核心是充分开发农

业的多种功能和多重价值，将加工流通、消费和生产及生活服务环节的收益通过建立利益联结机制使农户和当地乡村得到应有的分享和回报。有以下要求，一是要求农民作为创新创业带头人之一应积极参与到农村产业融合中，拓展其在推进现代农业中的就业渠道，分享生产、加工和服务产业链条上的收益。广大的小农传统创新创业带头人如不能向新型农业创新创业带头人转型和不能参与到与新型创新创业带头人的结合中，就难以在夯实农村产业融合发展的基础上发挥重要作用。因此，在农村产业融合中要充分体现农民的主体地位，并谋求农民的广泛参与。二是要求农民与强势创新创业带头人形成利益联结机制，在与农村农业的强势创新创业带头人，如农业企业，有实力的专业合作社合作中实现各产业环节的利益均沾。推进农村产业融合发展关键是构建各创新创业带头人间的利益共享、风险共担机制。在现阶段主要是农民通过转让土地经营权给强势创新创业带头人后获得租金收入，并以契约关系在强势创新创业带头人的投资项目中获得劳务收入。这种打破原有的分工模式所形成新的分工和就业模式，带动了生产要素跨界配置和农产品生产、加工、运输、销售及乡村旅游等相关服务业的有机整合。这对职业而言，就是要求农户要按照现代农业生产规范提高综合素质，包括信用和组织素质、科技和技能素质等。因此，创新创业带头人间的利益联结机制是农村一二三产业融合发展的核心要素。三是未来我国一部分有实力的新型农业创新创业带头人将越来越依靠自身和社会网络的力量在经营体系中、在与不同创新创业带头人经营环节联结中融合发展农村一二三产业。而引导大中专毕业生、有志投入农业的经营者、务工经商返乡人员等发展各类专业合作社将有利于在产业融合中推

进农业新型创新创业带头人的成长壮大，有利于为构建各创新创业带头人间的利益共享和风险共担机制提供动力源泉。四是要实现农村各创新创业带头人适应产业融合发展的需要，最直接有效的是要进一步完善让农民共享产业整合发展的增值收益的两个方面。一方面是要创新发展订单农业，要在农户与产业化组织之间通过农产品购销合同形成稳定的购销关系，而且还要通过实施标准化生产约束等形成生产目标一致的行为，强化产销的契约关系。另一方面以农业专业合作社形式发展股份制合作，主要形式是将农户和村集体的资源、资产和资金及财政和社会的支农资金等进行优化配置，用于农业一二三产业融合发展中，使上述与农民有关联的资源、资产和资金成为农民分享产业增值收益的基本保障和基本条件。其中打造创新创业带头人中，要注重发挥供销合作社在建立农业各类专业合作社中引领农民参与农村产业融合发展和使农民能分享产业链收益的作用。

（二）重点培育新型农业创新创业带头人

一是大力培育农村产业融合主体。加快推进新型农业创新创业带头人做大做强。应重在鼓励发展家庭农场和种植养殖大户、规范农民专业合作社行为和加强内部管理、拓宽农村电商和物流等企业及供销社服务“三农”的领域、促进龙头企业转型升级，围绕发展现代农业不断创新发展多种形式和多重功能的农业创新创业带头人。同时，要协调好农村各创新创业带头人的关系，将各参与的创新创业带头人之间联结成利益共同体，构建一体化的经营格局。纵观看，要着重培育和强化三类创新创业带头人：第一类要发展专业大户和家庭农场。未来农业经营发展趋势是专

业大户和家庭农场将逐步取代分散的小农户成为家庭经营的重要力量和推进一二三产业融合的重要支柱。对此，应通过加强信息化服务和提升组织化程度等方式，促进其产销对接。第二类是要增强专业合作社的综合实力和规范其内部管理，不断提高其经营水平、市场竞争力和抗风险能力。第三类是做大做强做优龙头企业。从政策扶持上支持龙头企业成长壮大和实现转型升级，努力发挥好在农村产业融合中的引领和撬动作用。

二是优先支持能带动农户增收的新型创新创业带头人。通过有实力的新型创新创业带头人带动农户参与农村产业融合时降低参与农村产业融合的成本和风险。其中要吸引有实力的外来龙头企业和有志于投资农业的商家及个体加快转型升级和提高综合经营能力，从事农村产业融合活动，带动本土化的新型农业创新创业带头人成长，充分发挥有实力的新型农业创新创业带头人的引领、示范和带动作用。在公共财政支持的科技与产业项目申报、承接产业转移等方面为其开辟绿色通道，并通过与农户建立专业合作社或股份制形式，积极规范其运行，实现农民增收和带动乡村振兴。

三是加快培植一批农村本土化的新型农业创新创业带头人。鼓励和支持务工经商返乡人员和农村大中专毕业生返乡创业兴办经营实体，特别是要发挥好当地经济能人的作用。只有使上述大量的本地农村从业人员的知识结构和综合素质发生较大的改观和提升，实现农村产业融合的健康发展才会有较好的人力资源条件。

三、构建创新创业带头人间稳固的利益联结与共享机制

（一）发展订单农业和股份合作等是利益联结机制的有效载体

一是创新发展订单农业，建立稳定的购销关系。创新订单农业的模式重在拓展订单农业的功能和内涵。就农业生产环节而言，在实行订单式生产中要贯穿对农户的技术指导和培训及提供生产性的服务，使农产品的产出有质量有标准有销路保障。在农产品加工环节，主要应体现优先安置本地的农村劳动力，提高农户的工资性收入在家庭经营收入的占比，同时要不断提高农户的就业能力和综合素质，以满足实现订单合同利益目标最大化的需要。在销售环节，主要是拓宽农产品及其加工制品的销售渠道，建立较稳定的劳务供求和劳资及土地租赁关系，在企业和实力型创新创业带头人获利成长中，也使农民从产业链后端能增加劳务和财产性收益。二是积极发展股份合作，建立和完善农民入股参与经营、合理分享经营收益的长效机制。将农村现存的和村集体所拥有的资源、资产以及财政支农资金盘活，通过作价入股形式参与到农村一二三产业的融合中，并使农民获取价值链中合理的增值收益。不断探索和完善“保底收益+按股分红+劳务所得+资产增值”等各种形式来构建创新创业带头人间的利益联结机制。

（二）发展健康的休闲农业为构建利益联结机制夯实基础

休闲农业是目前较为典型的农业产业融合的方式，其中一个重要特点是在经营活动中农业与其他产业交叉型融合，农户在同一时段可获得叠加的收益，同时发展休闲农业具有倒逼发展现代农业和现代乡村的功效。发展休闲农业的市场需求本身要求当地乡村环境优美、交通通达、农田生产规范和绿色及农地整治合理、村中食住行条件完好、服务周到等。要求休闲农庄中的各创新创业带头人共同维护好村域内生产生活次序和消费环境，避免恶性的同质化竞争。如果各参与创新创业带头人不能行动一致，就可能出现一损俱损的结果。在现代媒体和传输条件发达的今天，一旦某个经营户不规范使用农药，或是滥用化肥，或违规养殖，或小作坊不合理加工，或卫生防疫不到位等污染食品、水质和空气及人员健康等破坏环境的事情发生，就有可能给当地休闲农业发展带来严重的负面影响，甚至是毁灭性的打击。因此，生态环境和生产生活安全的状况是休闲农业的生命线。发展休闲农业过程中要严格规范参与经营的农户及专业合作组织行为，可通过村规民约等形成农户间相互监督的机制，避免出现只图个体利益最大化而损害总体和长远利益行为的现象。

（三）确定支农惠农政策的支持项目构建利益联结机制

目前，国家不断出台的支农惠农政策对解决“三农”问题达到了从未有过的力度，应努力实现财政金融支农惠

农资金帮助农民稳定分享农村产业融合中收益。对于能享受财政投入或金融惠农政策支持的农业开发项目，鼓励农户以土地山林为资产入股其中，同时有条件要拓展到其他农业开发项目中，采取股份制的形式，使农户参与项目经营和合理分享收益，国家相关扶持政策应与这一惠农利益联结机制挂钩。另外，应鼓励龙头企业与农民合作社深度融合，从惠农政策上构建龙头企业“联农带农”的激励机制，将带动农民增收与分享农村产业融合发展的“红利”相结合。农村产业融合发展的政策着力点在于建立产业链延伸增值与农民利益的联结机制。

（四）不断完善和创新农业创新创业带头人的合作模式

以往的农业产业化模式可以说是一种以龙头企业为主体的农村产业融合形式。在加快发展现代农业的大背景下，这一模式到了需要不断完善并获取新的发展的时期。当前，从事现代农业的创新创业带头人成分已有了很大的改观。除了原有的龙头企业和专业合作组织及广大小农户外，还包括了如家庭农场、种养大户和专业户及农业协会等。通过以往农业产业化模式进行的产业融合的“产加销”和“农工贸”的一体化仍是一种适用性比较广泛的模式，它在很大程度上可解决分散小农经济低效率问题。但这一模式主要是以龙头企业为主体，向产品的上下游的生产环节和加工及销售环节进行延伸，谋求的是创新创业带头人“产加销”经营的内部化，往往单一主体企业的经营行为决定了这一产业融合的成败。随着现代农业的发展和分工的细化及高新技术对农业的渗透及绿色发展的需要，原有的农

业产业化模式到了必须创新的新阶段。目前，随着互联网技术的普及和提升，出现以现代电商平台为主体和引领的模式也日益成为农村产业融合的一种主流模式。这种农村电商模式是一种以依托现代互联网技术，通过网络销售和服务平台，借助物流运输系统，将农产品和服务的供求关系直接联结的新业态。它印证了技术进步是产业融合的强大支撑和必备条件。目前农业产业化模式的不断完善和更新与农村电子商务的结合应成为推进农村产业融合的重大举措。

四、营造农村产业融合发展的良好发展环境

（一）制定务实可复制的促进政策

一是加快健全农村地区三次产业融合的政策支持体系。构建以现代农业和美丽乡村建设为依托的三次产业融合的政策框架。要规划好农村产业融合和三次产业转型升级的方向和支撑体系及要件。应重在支持农业创新创业带头人间合作与利益承接机制的构建、农村土地流转和规模化经营的规范化、农村优势产业的打造和专业化及标准化种养项目的推进、农业生产性服务和农村生活性服务体系的建设及政府监管、引导社会资本和生产要素发展乡村旅游及电子商务和城乡农村物流等产业融合领域等。其中尤其要注重不断完善产业链中各创新创业带头人间的利益共享与分配机制。二是加大对农产品加工业的政策支持力度。统筹整合现有涉农资金和中小企业专项资金等用于扶持市场前景好的农产品加工业。三是出台鼓励城市生产要素流向乡村的有关投资与休闲政策，力促解决城乡发展失衡和农

村消费不充分问题，促进城乡一体化发展。四是尽快出台专门的法律法规，确保农业产业融合有序推进，有法可依，有章可循。

（二）加快农村产业融合服务体系建设

一是建立健全支撑现代农业发展的社会化服务机制。农村三次产业对接和协调与提供的社会化服务程度密切相关。社会化服务水平的高低对农村产业融合的深度和广度起着重要的决定作用。因此，应规范社会化服务机构的运作机制、拓宽农村中介组织和农村专业合作社的服务范围和提升服务质量。政府服务“三农”的机构和职能要适应农村产业融合的发展需要，并应积极促进和扶持新型社会化服务组织的成长。二是为农业经营性服务组织加强对农业各创新创业带头人合作提供良好的政策环境，共同开拓新业态和满足新需求。三是加快建设和完善农产品质量追溯体系、农产品检验检疫制度、农产品价格预警机制和农产品绿色通道等。完善发展现代农业和现代服务业的用地、用电、用气、用水等方面优惠政策，减轻创新创业带头人和龙头企业的经营负担。四是为进城农民工、退伍军人、大中专毕业生等人员在乡创业提供创业基金和务实扶持政策，对于有作为的农村经济能人和农村优秀创业人才设立专项奖励基金，加强对农民的技能培训，加快培养有创新理念、懂技术、善经营、会管理的农民，增强农户参与农村产业融合的能力。五是创新农村公共服务的内容和形式。为农村产业融合提供信息服务、政策引导、决策参考和智力支持。六是注重与推进新型城镇化相对接，引导涉农二三产业向当地产业园区及商贸中心的产业功能区集聚，不

断提高农村公共服务供给能力。

（三）加强对农村基础设施新项目的投入

一是在继续不断完善常规性的生产生活的基础设施的基础上，特别要支持农村电商平台和乡村服务网点建设，营造适应农村电商发展的软硬件环境，促进电商与商贸、供销、邮政互联互通，推动快递下乡工程的实施以及重点拓展电商村级上行农产品的销售渠道。二是加大公共财政和引导工商资本对农村公共服务新项目的投入和对新业态的扶持。三是加大对乡村山、水、林、田的环境保护和改善及治理的力度。促进农村产业融合与美丽乡村建设相结合，促使农村成为城乡居民满足美好生活需要的新热土和投资兴业的新热点。四是搞好乡村建设规划与管理，科学合理布局和建设宜居村庄，抓好农村社会治理和精神文明建设，深化文明农户创建，改变农村不良陋习，倡导文明新风。

第七章　创新创业的实施和管理

第一节　农业创新创业准备

一、挑战传统就业观，树立现代创业观

就多数人来讲，对就业问题存在着“等”“靠”的思想，多数人的就业观与劳动力市场需求的现状存在着差距，对就业条件期望过高，集中体现在八不去：一是工资待遇不高不去；二是工作环境不好不去；三是专业不对口不去；四是私营个体单位不去；五是离家太远的单位不去；六是工作不稳定不去；七是到外地工作不去；八是不好的工作不去。

市场经济使传统的就业心理正在受到越来越大的冲击，“端铁饭碗的时代已一去不复返”，人人都面临着择业、就业、创业、失业、再就业、再创业的问题。因此，不要只能当雇员，应该立志做老板。

二、正确认识自己，树立积极的创业心态

我们必须面对这样一个事实：在这个世界上，成功卓越者少，失败平庸者多。成功卓越者活得充实、自在、潇洒，失败平庸者过得空虚、艰难、拘谨。创业者更是如此。

为什么会这样？仔细观察、比较一下成功者与失败者的心态，尤其是关键时刻的心态，我们将发现，“心态”会导致人生出现惊人的不同。成功人士的首要标志，在于他的心态。一个人如果心态积极，乐观地面对人生，乐观地接受挑战和应付麻烦事，那他就成功了一半。生活中，失败平庸者多，主要是心态有问题。遇到困难，他们总是挑选容易的倒退之路。“我不行了，我还是退缩吧。”结果陷入失败的深渊。成功者遇到困难，仍然保持积极的心态，用“我要！我能!，一定有办法”等积极的意念鼓励自己，于是便能想尽方法，不断前进，直至成功。

这就是积极的心态给一个人带来的力量，是中国商场上常提的“心态决定胜负”口号。也就是拿破仑·希尔所提的PMA黄金定律：一个人之所以成功，关键在于他的心态。成功人士与失败人士的差别在于成功人士有积极的心态，即PMA（Positive Mental Attitude），而失败人士则习惯于用消极的心态去面对人生，即NMA（Negative Mental Attitude）。成功人士运用PMA黄金定律支配自己的人生，他们始终用积极的思考、乐观的精神和辉煌的经验支配和控制自己的人生；失败人士是受过去的种种失败与疑虑所引导和支配的，他们空虚，悲观，失望，消极，颓废，最终走向了失败。

人与人之间只有很小的差异，但这种很小的差异却往往造成巨大差别。关键是所具备的心态是积极的还是消极的，积极心态与消极心态就是成功与失败命运的控制塔，心态决定我们人生的成败。成功创业的起点是你自己，更是你的心态。

三、拥有强烈的创业欲望，树立当老板的野心

在《科学投资》通过研究发现提炼出的“中国创业者十大素质”中，将“欲望”列在中国创业者素质的第一位。也就是说，无论是生存型创业者、机会型创业者、主动型创业者还是其他类型的成功创业者，他们都有着共同的特质，那就是都拥有强烈的创业欲望。

“欲望”，实际就是一种生活目标，一种人生理想。创业者的欲望与普通人欲望的不同之处在于，他们的欲望往往超出他们的现实，往往需要打破他们现在的立足点、打破眼前的樊篱才能够实现。而且，他们的欲望和努力相互作用，欲望越强烈便越加努力，越努力其欲求越高，欲望也就越加强烈。这两个作用力交替起作用，逼着创业者往前冲。所以，创业者的欲望往往伴随着行动力和牺牲精神，这不是普通人能够做得到的。

生存型创业者的欲望，许多来自现实生活的刺激。因为现实生活的不尽如人意，因为贫穷的困境而饱受苦难与炎凉，让人感到无比的屈辱、痛苦，这种刺激会在被刺激者心中激起一种强烈的愤懑、愤恨与反抗精神，从而使他们做出一些“超常规”的行动，激发出“超常规”的能力。这大概就是孟子说的“知耻而后勇”。所以他极力要改变自己，改变身份，提高地位，积聚财富，而这些改变，在现在中国，只要创业成功就全都能获取。于是，这份强烈的创业欲望，开启了众多人生的创业之门。

四、加强平时积累，提高自己的创业能力

创业是一个过程，即包括从学习、准备到实践，是不断

追逐梦想、追逐成功的过程。通过自己的亲身体验，学习创业知识，参与创业实践，克服创业困难，经历创业艰辛，最终就会具备一定的创业精神和创业能力。创业，特别是做大事业，仅凭勇气、毅力、信念这些东西是远远不够的，要想创业成功，创业者就要拥有较为全面的知识能力。当前，知识已成为各种生产要素中最重要最稀缺的要素。可以说知识就是资本，知识就是未来，知识可以改变命运。有了知识就有了牵动其他生产要素的动力，拥有知识，就能洞察事物的走势；拥有知识，就能牢牢地掌握你创业的方向，控制你创业的过程；拥有知识就能创造出新成果，在创业中克敌制胜。“书到用时方恨少”，在创业之前，必须储备足够的知识，如金融知识、法律知识、专业知识、经营知识、管理知识、心理知识等。这些知识直接关系创业者素质的高低，甚至决定着创业者的整个创业过程。

第二节　农业创新创业项目选择

一、产生农业创业项目

如果认为自己适合创办企业，那么下一步计划办什么样的企业？选择一个什么项目合适？这就需要对企业项目进行分析和抉择。任何成功的企业都开始于好的项目和正确的观念。发现一个好的农业创业项目是实现创业者愿望和创造商业机会的第一步。好的项目是创业成功的开始，是避免风险和失败的第一道防线。

（一）产生创业项目的方法

可以用不同方法或反复用同一方法验证企业构思或项目。关键是创新思维，“人有多大胆，脑有多大产”。

产生企业项目的方法可以归纳为4种方法：头脑风暴法、周边企业调查法、所处环境调查法和经验与问题产生法。

重点介绍头脑风暴法。

头脑风暴是一个创造性解决问题和产生想法的技术方法。它的目的就是尽可能多的产生想法。头脑风暴法，英语词组为“Brain-Storming”，原意为用头脑去冲击某一问题。由美国企业家、发明家奥斯本首创，是一种集体创造性思考方法，也是一种产生各种想法的方法。具体是指一组人员（5~10人）通过开会方式就某一问题畅所欲言，献计献策，群策群力，解决问题。头脑风暴法有一条原则就是不得批评他人发言，甚至不许有怀疑的表情、动作。

1. 一般性头脑风暴法

头脑风暴法是打开思路并帮助创业者产生很多不同想法的方法。创业者可以从一个词语或一个题目开始，将进入自己脑海中的所有想法都写下来，即使某个想法似乎毫不相干或者十分奇怪。例如，笔—铅笔—木头—树木—森林；领带的用途、回形针的用途有几种？

2. 结构性头脑风暴法

头脑风暴法也可以用来思考一个特定的产业。这种头脑风暴法技巧的变种被称为结构性头脑风暴法。这种方法不是让创业者从任意一个词组开始，而是从一个特定的产品开始，然后尽力想出所有相关的企业：与销售相关的企业；与制造相关的企业；间接相关的企业；与服务相关的企业。利用这种方法可以沿着销售线、制造线、副产品线、服务线四条线分别想出很多项目，不论创业者想出的是否可行，都一一写下来，以备筛选。

（二）产生与选择创业项目的基本途径

产生农业创业项目是选择一项适合自己的好项目的基础。在产生农业创业项目时，应尽力放开自己的思路，尽可能地挖掘创业项目，好的创业项目往往源于异想天开。一家成功的企业既要满足顾客的需要，又要盈利；既要向人们提供想要的产品，又要为企业主带来利润。因此，一个好的创业项目至少必须具备两个基本条件：必须有市场机会；必须有变市场机会为企业机会的技能与资源。具体可从这两个条件出发，构成发现和产生创业项目的基本途径。

1. 从顾客需求出发

市场经济条件下，对企业而言："顾客就是上帝"。所谓市场机会就是未被满足的顾客需求。因此，能够提供产品或服务最大限度地满足他人的需求或者能够尽可能好的解决人们生产或生活中的实际问题的项目，一定是一个成功的创业项目。如周边各村菜农需要某种价位和质量的蔬菜苗，就可以开个蔬菜育苗中心，满足他们的需求；这个乡镇很多农户需要修理农用机械，就可以在乡镇街道开一家农用机械修理部来满足他们的需求。

2. 从创业者自身优势出发

（1）创业者的技能。创业者的技能是指创业者擅长做的事情。例如，有人懂设施农业生产技术，而且家里有日光温室，所以可进行设施种植；有人知道怎样做粉条，因此可以开一家粉丝或淀粉加工厂；有人会修理农业机械，因此可开一家农机修理部。

（2）创业者的兴趣。创业者的兴趣是指创业者喜欢做的事情。例如，有人喜欢种植花草，有人喜欢养狗，有人喜欢养鸽子，有人喜欢养金鱼等。

（3）创业者的经验。创业者的经验是指创业者曾经的工作经历和接受过教育培训经历。例如，有人曾经在某个食用菌种植大户那里打过工，也就有了如何种植食用菌的经验；有人参加实用技能培训，在培训过程中，培训老师讲授如何种植花卉，他也就有了理论上种植花卉的知识和技能。

（4）创业者的社会关系。创业者的社会关系主要是指创业者的家人、亲戚、同学、同事、朋友等。创业者可以从他们那里获取一些创业信息、建议或者帮助。例如，有人家里有个亲戚创办了一家淀粉加工厂，亲戚就建议他多承包些土地，用于种植马铃薯，从而进行创业。

（5）创业者所处的环境。创业者所处的环境包括人文环境、经济环境、自然资源环境等。农业创业项目与自然资源环境息息相关，包括土地资源、水域资源、生物资源、气候资源和海洋资源等。农业创业者可根据自身所处环境与占有的资源来构思项目，进行创业。

我们应当沿着两条途径同时开发企业构思与项目，如果只从自己的专长出发，却不知道是否有顾客，企业就可

能会失败。同样，如果没有技术来生产高质量的产品或提供优质的服务，就没人来买这些产品或服务，企业也不会成功。也就是只有既能满足市场需要，又有能力生产出完全满足市场需求的技术的创业项目才是可行的。

二、分析农业创业项目

通过第一阶段的产生农业创业项目之后，也许创业者手中已经有了好几个农业创业项目。这么多的农业创业项目中究竟选择哪个项目呢？接下来就是对每一个农业创业项目进行全面的分析，使每个创业项目从不确定、不清晰变为详细、准确、清晰，以方便筛进和选择 3~6 个可行项目。

（一）农业创业项目的外部环境分析

农业创业项目的外部环境是创业者难以把握和不可控制的外部因素，是一种不断变化的动态环境，如消费者的偏好及其变化、政策法规的变动、市场结构的变化、新技术革命带来的生产过程的变化等。外部因素极为纷繁复杂，各种因素对创业活动所起的作用各不相同，并且在不同的客观经济条件下，这些因素又以不同的方式组合成不同的体系，发挥着不同的作用，但对于分析农业创业项目又十分重要。因此，要尽可能地通过各种信息渠道收集、整理、分析外部环境资料和数据。

（二）农业创业项目的市场分析

准确的市场分析是选好农业创业项目的前提。最主要的是要分析市场需求，市场需求状况将决定未来创业活动的生产经营状况，产品没有市场需求的企业是不能做到生

意兴隆、企业兴旺的。市场需求状况具体包括产品的需求总量、需求结构、需求规律、需求动机等。

（三）农业创业项目的资源分析

没有资源是实现不了任何项目的，创业项目当然也不例外。对于创业者来说，产品的现有资源是必须了解和考虑的重要问题，通常包括土地、资金、技能、人际关系、设施设备等。例如，创业者必须分析清楚农业创业项目需要多少资金的投入。

（四）农业创业项目的竞争对手分析

创业者对竞争对手的情况必须做充分的调查了解，这是在开展创业活动时必不可少的一项准备工作。通过调查明确本地同类企业有多少家？如何才能成功与他们竞争？这既有助于创业者摸清对手的情况，又能学习和借鉴竞争对手的长处、经验和教训，竞争对手可以成为创业者最好的老师，从而不断地提高自己，增强竞争能力。竞争对手分析主要了解现有竞争对手的数量、经营状况、优势和弱势、竞争策略以及潜在的竞争对手等。

（五）农业创业项目的投资效益分析

创业者对农业创业项目的投资效益分析具有十分重要的意义，通过分析设施的总造价、设备的总投资、为创办企业应缴的各种费用、产品的原材料价格、生产工人和管理工人的工资、产品的市场价格以及变动趋势等，计算出投资成本和投资产出，从而就可以看出投资效益是多少，企业能不能赢利。能赢利，企业就能生存与发展。

三、筛选农业创业项目

一个好的项目，是成功的一半。一个周密合理的企业项目可以避免企业日后的失望和不必要的损失；没有合理的企业项目，不管企业投入的精力和财力有多大，也注定会失败。通过第二阶段分析每个农业创业项目的具体情况之后，创业者就要对农业创业项目进行相互比较、权衡利弊，对农业创业项目进行筛选，选出一个切实可行又符合自己实际的创业项目。

（一）好项目具有的特点

许多人创业时都不知道选择什么创业项目，常常问计于亲朋好友、同事、咨询专家、创业培训机构。就一般意义而言，创业的目的无非是获利，什么项目更适合去投资创业呢？

一个能够赢利的、有竞争力的好项目必须具备以下几个特点。

1. 获利性

只有产生一定的利润才会值得投资，这一点无须多说。传统的行业由于时间已久，竞争已达到白热化，所以利润空间十分有限，现在介入需要有丰富的商业经验才能从容应对，否则将不得不用人人都会的价格战参与竞争，胜算几何自己都将心中无底。如果选择一个新颖的项目模式，就容易适当规避正面竞争，从而获得高额利润。

2. 新颖性

要有效地规避市场竞争，该项目就必须是市场的空白

和盲点，或是通过结构重组而创造的新的独有模式，这样才会有效地规避竞争，独享丰厚的行业利润，避受行业中强手的排挤和打压，以致陷入价格战的泥沼而覆没。

3. 成长性

好的项目必须是处在该行业的快速成长上升阶段，这样才能保证其有较大的发展和获利空间。任何处在起步或鼎盛或衰败期的项目，其风险都是很高的。当然，如果该项目只是处在行业的起步阶段，尽管风险较高，但其利润一定也比较丰厚，有实力勇于冒险的也不妨一试。至于投资鼎盛的行业，尽管行业比较成熟，但行业竞争也必定十分激烈，利润相对较低。

4. 未来性

所谓未来性，就是指它必须是一种社会趋势或是随着时间的推移，它必定更加盛行。有的行业随着时间的推移，市场将越来越小甚至逐渐失去存在的价值，如当初走村串户的货郎担。而有的行业则随着社会的发展，需求越来越旺盛，如设施农业、规模种养业等。

5. 易操作性

好多行业可能看似好赚钱，可是要么其操作程序十分困难复杂，要么需要具备优异的人力资源，同样令人望而兴叹。所以好的创业项目必须具备可操作性，尤其是易操作性。现在优秀的连锁加盟就很好地解决这个问题。它们有一套成功、成熟的市场操作经验，而且会毫无保留地将成熟的市场操作经验传授给加盟创业者，这样就避免了创

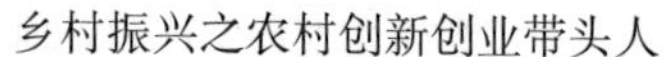

业者走弯路或经营亏本。

具备了这几个特点，只要具有相应的资金、足够的兴趣，那么余下的就只有全身心地投入了。

（二）影响农业项目选择的因素

1. 创业者的市场

农业创业项目哪里多，哪里少，这是一个辩证的问题，需要用辩证的眼光去看待。客观地说，农村相对落后，随着我国农业经济的发展以及越来越与国际接轨，农业创业项目选择的机会大大增多。

2. 创业者的兴趣

兴趣是最好的老师。创业者只有选择他喜欢做又有能力做的事情，才会投入最大的热情，自觉地、全身心地投入到工作中去，并忘我地工作，才会迸发出惊人的创造力，才可能在困境挫折来临时依然有足够的耐心和信心坚守下去，千方百计地克服困难，直到创业成功。

3. 创业者的特长

俗语说，隔行如隔山。创业者真正想创业，又希望比较有把握的话，应该在自己熟悉的行业里选择农业创业项目，一定要对该行业愈熟愈好，这样做起来比较容易上手，不会轻易失败，也才能提高创业成功率。

4. 创业项目的市场机会

市场是最终的试金石。农业创业项目的选择必须以市场

为导向，也就是说选择农业创业项目时不能凭自己的想象和主观愿望，而应该从市场需求出发，确定创业项目市场机会的空间大小，空间越大，创业成功的可能性也就越大。

5. 创业者能够承受的风险

明枪易躲，暗箭难防，在整个创业过程中，风险无处不在，许多不可控制的因素都可能成为创业路上的绊脚石。创业者把资金投入进去，谁也无法保证一定能成功、一定能够赚钱、一定能够长盛不衰。因此，在选择农业创业项目时，无论创业者对项目有多大的把握，都必须考虑“未来最大的风险可能是什么”“最坏的情况发生时，我能不能承受”等问题，如果答案是肯定的，那么只要项目的预期回报符合预期目标，就可以进行投资创业。

第三节　打造高效团队

团队是为了实现某一目标而由相互协作的个体所组成的正式群体。也就是说，团队是由一些具有共同信念的人为达到共同目的而组织起来的，各成员通过沟通与交流保持目标、方法、手段的高度一致，从而能够充分发挥各成员的主观能动性，运用集体智慧将整个团队的人力、物力、财力集中于某一方向，形成比原组织具有更强战斗力的工作群体。

一、团队建设的作用

（一）团队具有目标导向功能

团队精神的培养，使员工齐心协力，拧成一股绳，朝

着一个目标努力。

（二）团队具有凝聚功能

任何组织群体都需要一种凝聚力。团队精神则通过对群体意识的培养，通过员工在长期的实践中形成的习惯、信仰、动机、兴趣等文化心理，来沟通人们的思想，引导人们产生共同的使命感、归属感和认同感，反过来逐渐强化团队精神，产生一种强大的凝聚力。

（三）团队具有激励功能

团队精神要靠员工自觉地要求进步，力争与团队中最优秀的员工看齐。而且这种激励不是单纯停留在物质的基础上，还能得到团队的认可，获得团队中其他员工的尊敬。

（四）团队具有控制功能

员工的个体行为需要控制，群体行为也需要协调。团队精神所产生的控制功能，是通过团队内部所形成的一种观念的力量、氛围的影响，去约束规范，控制员工的个体行为。这种控制不是自上而下的硬性强制力量，而是由硬性控制转向软性内化控制；由控制员工行为，转向控制员工的意识；由控制员工的短期行为，转向对其价值观和长期目标的控制。因此，这种控制更为持久有意义，而且容易深入人心。

二、高效团队的打造

顾名思义“团队就是团结的队伍”。也许这样的定义太直白，但确实能表述一个团队最重要的特征，那就是一个

团队首先要团结。因此将一群经历不同、追求不同、人生观、价值观不同的人团结起来，建立一个团队不是件很容易的事情，那么建立一个高效率的团队就更难了。该如何建立一个高效的团队呢？企业在塑造高绩效团队时主要应从下列几方面入手。

（一）确立清晰明确的愿景和目标

共同的目标是团队存在的基础，心理学家马斯洛曾说，杰出团队的显著特征便是具有共同的愿望与目的。由于人的需求不同、动机不同、价值观不同、地位和看问题的角度不同，对企业的目标和期望值有着很大的区别，因此，要使团队高效运转，就必须有一个共同的目标和愿景，包括制定组织的经营目标和组织成员个人的利益目标，就是让大家知道“我们要完成什么”“我能得到什么”。这一目标是成员共同愿望在客观环境中的具体化，是团队的灵魂和核心，它能够为团队成员指明方向，是团队运行的核心动力。

（二）培养良好的团队氛围

健康和谐的人际关系能使团队成员之间从生疏到熟悉、从提防到开放、从动荡到稳定、从排斥到接纳、从怀疑到信任，可以在长时期内使人们保持亲密。团队关系越和谐，组织内耗越小，团队效能就越大。信任对于团队的健康发展和效率提高具有至关重要的作用。要使团队健康发展，企业高层领导之间就应该团结一心，按时、按量履行对团队的承诺，管理层在实施企业政策要公正、公开，从而使团队成员对企业领导的信用以及企业的政策产生信心。同时，企业管理者应该在团队工作范围内充分授权，并向团

队公开团队工作所必需的信息，尽量创造机会，与团队成员进行交往、沟通，注重员工工作满意度和生活满意度的提高。团队是每个成员的舞台，个体尊重与满足离不开团队这一集体，要在团队内部经常性地倡导感恩和关爱他人的良好团队氛围，尊重员工的自我价值，将团队价值与员工自我价值有机地统一起来，通过实行良好的工作福利待遇、改善工作环境、职位调换等手段使成员感受工作的乐趣以及挑战性，从而提高团队的工作效率。

（三）建立健全有效管理制度和激励机制

健全的管理制度、良好的激励机制是团队精神形成与维系的内在动力。一个高效的团队必须建立合理、有利于组织的规范，并且促使团队成员认同规范，遵从规范。合理的制度与机制建设主要包括：团队纪律；上级对下级的合理授权；有效的激励约束机制。纪律和约束机制是一个团队的规则，它告诉团队成员能做什么，不能做什么。不能做什么是团队行事的底线，如果没有设定底线，大家就会不断地突破底线，一个不断突破行为底线的组织是不能称其为团队的。有效的激励能让团队每个成员的主动性、积极性和创造性发挥出来，使整个团队充满活力。

（四）注重员工系统的学习提升和阶段性培训

要有效地提高团队的整体素质，提高团队竞争力，学习是一个重要方面。在知识经济时代，唯一持久的竞争优势是具备比竞争对手学习更快的能力。对于现代企业来说，企业培训已经成为持续不断地学习和创新的手段与工具，培训对于团队目标的实现非常重要。在团队中，打造学习型个人，

应该营造积极的学习氛围，使团队成员乐于培训，确信自己可以做得更好。企业要在生产经营的同时，有计划地实施企业的员工教育培训，把企业办成一个学习型企业。必须重视并积极创造条件，组织员工学习新知识、新技术，经常开展岗位练兵与技术比武活动，为其提供各种外出进修和学习的机会，提高员工的知识、技能和业务水平，使他们能够不断提高自身素质适应企业发展的需要。同时，要加强员工的思想政治工作，加强员工的职业道德建设，培养员工爱岗敬业、团结拼搏精神，使企业内形成和谐、友善、融洽的人际关系和团结一心、通力合作的团队精神。

（五）提高团队领导的领导力

领导力是指领导在动态环境中，运用各种方法，以促使团队目标趋于一致，建立良好团队关系，以及树立团队规范的能力。优秀的团队领袖往往充当教练员和协调员的角色，他能在动态环境中对团队提供指导和支持，鼓舞团队成员的自信心，帮助他们更充分认识自己的潜力，并为团队指明方向。团队领导的行为直接影响团队精神的建立。人人都知道，一个优秀的团队领导能够带动并且提高整个团队的活力，指导并帮助团队取得更加突出的成绩。由此可见，团队领导首先要懂得如何管人、育人、用人；其次必须加强自身素质和能力的修炼，要善于学习、勤于学习，懂得运筹帷幄，懂得把握方向和大局，研究事业发展战略。同时，还要加强自身的德性修养，懂得以德服人，做到开阔胸襟、讲究信誉、发扬民主，敢于否定自己、检讨自己、善于集中团队成员的智慧、采纳团队成员的意见，发扬民主管理的作风，不断提高领导水平。

第四节　农业创新创业管理

管好一个企业远比书本上说的要复杂得多。一个好的企业主每天都要学习新东西，解决新问题。企业一旦运转起来，每天的工作就会非常繁重。由于企业的类型不同，它们的日常业务活动也有差异。但不论企业属于哪种类型，为了掌握企业的经营情况，以下事务都是任何企业必不可少的工作。

一、团队管理

企业的成功是由所有员工的整体业绩带来的。如果员工的技能不足、积极性不高，再好的企业构思和项目最终也无法成功。所以要以人为本，重视对员工的培训和激励。

第一，要建立团队意识，增强员工的凝聚力和责任性，千方百计提高员工的工作积极性、提高工作质量、提高生产效率。

第二，重视培训员工，这是企业成功的重要因素。通过对员工进行培训，能够帮助员工更快更高效的提高业务水平与管理能力，可以在企业内部形成一种不断革新不断发展的良好氛围。

第三，重视员工的安全。“以人为本”，提高员工的安全意识，增强员工岗位安全自觉性。通过安全培训，提高安全意识和素质，强化员工安全事故的防范意识，真正将“安全第一，预防为主，综合治理”落实到位，有效控制和减少安全事故的发生，确保企业安全生产。

二、库存管理

所有的企业都买进卖出。零售商从批发商处买来商品，

然后卖给顾客。批发商从制造商处进货卖给零售商。制造商从不同渠道采购原材料制成产品卖给顾客。服务行业的经营者买来设备和材料，然后出售他们的服务。

三、生产管理

生产管理是制造行业和服务行业的一项日常工作，通常要做以下决策。

生产什么？何处生产？何时生产？如何生产？生产多少？质量怎样？

四、营销管理

创业之初，重点是加强企业和产品的宣传，让更多的人了解企业，知晓产品，进而成为客户或潜在的客户。因此，要利用报纸杂志或广播电视做广告；组织人员散发传单或小册子，利用好广告牌和橱窗宣传；与客户接待和谈判，做好售前和售后服务等。

五、成本控制

作为企业主，要彻底了解生产成本或进货成本，这有助于制定价格，赚取利润。为此，把成本维持在最低限度非常关键。这方面的信息来自财务会计系统。即使是最简单的财务记录，也可以提供计算企业成本的依据。企业成本是企业资金支出的根源，因此，合理控制成本能提高企业的利润。

六、制定价格

要为产品或服务制定合适的价格，使产品或服务既能

产生利润，又具有相当的竞争力。只有销售收入大于产品或服务的成本，才会有利润。因此，制定价格之前，必须先摸清成本，否则无从知道企业是在赢利还是在亏本。

七、会计统计

作为企业主，必须知道企业经营的状况。如果经营遇到困难，通过分析会计信息和业务记录可以发现问题所在。做好业务记录和统计分析能帮助企业主做出有利的经营决策。

必须搞好以下几方面的会计信息与业务记录。

查看现金日记账，掌握每日收入的资金、支出的资金、控制好现金流量。

查看应收账款，随时了解债权，控制赊账。

查看应付账款，随时了解负债情况。

合理采购，控制库存量。

搞好固定资产管理，掌握固定资产状况。

八、办公室管理

办公室是信息中心及工作场所。因此，办公室组织和领导的好与坏对企业也会产生影响。需要购买办公设备、带醒目企业标志的办公文具，需要设立一个接待顾客和来访者的场所。

第五节　成功实现农业创业

实现成功创业的因素涉及几个因素，除了选好创业项目、加盟创业团队外，最主要的就是要会精打细算，会经

营管理。

一、严格控制成本

对于创业者来说，在创业资金相对有限的情况之下，更应懂得企业的利润在很大程度上来自于成本的控制。

（一）降低采购成本

要根据生产用量，在采购次数和每次采购量之间寻找一个最经济的采购批量，既要考虑不要影响生产，又不占用大量资金和库存费用，达到成本最低。同一个商品在不同的地方就有不同的价格，所以，创业者在采购商品或者接受服务的时候，必须掌握一定的商品鉴别能力，懂得什么样的货值什么样的钱。应该多走几家商店、市场，货比三家，多跟几家供应商联系，获取准确的价格信息，这样才能买到物美价廉的原材料或商品。

（二）精准生产

创业之初，最重要的是生存。大多数成功的创业公司，都走过一个严格的成本控制过程。创业者要通过制定严格、切实可行的生产经营管理规章制度，使企业生产经营管理有条不紊，有章可循，严格拉制生产成本和管理成本。同时，要采用科学的配方，发展精确农业，降低不必要的生产耗费，杜绝浪费，节约材料。

（三）降低产品的劳动力成本

随着我国人口红利的优势逐渐消失，劳动力成本日益提高，人员费用成为企业的一项重要支出。如果要降低农

业创业的成本，这是应该考虑的一个重要方面。要减少产品的人工成本，就要精简人员，可以兼职岗位，尽量不使用专职人员，能承包的要承包，能计件的要计件。

农业创业者要加强对员工的培训，通过培训，员工在掌握了新知识、新技能的同时，提高了生产管理的效率。在创业过程中，还要通过加强考核，采取更多激励措施，来调动全体员工参与生产经营管理的积极性。

（四）加快资金循环周转

创业者在创业过程中要用有限的资金完成更大规模的生产或经营。尽可能减少资金在原材料、产成品、库存商品、应收账款等上的占压。加快资金周转速度，相当于扩大了资金的投入，就有可能取得更大的经济效益。

创业者还应加强对存货质量的控制管理，对不合格品、滞销存货应尽快处理，最大限度地降低损失。同时，创业者应安排专人加强对应收账款的回收管理。对超过规定期限的应收账款，应加大催收力度，采取不同的措施强行收回。企业还可以采取让利、出售等不同方式将应收账款变现，以减少坏账损失和加快流动资金的周转。

二、提供优质产品或服务

农业创业者提供的产品或服务，对于农业创业能否做大做强有着直接的联系。质量过关，服务一流，消费者满意，是农业创业者应该追求的永恒目标。

（一）质量好才是真的好

随着人民生活水平极大提高，消费者对农产品需求已

由解决“温饱型”逐步向“小康型”转变。这种消费观念转变和消费层次的提高，使农产品供需数量与质量两方面的矛盾都十分突出。有关专家称，不取得农业标准化这张“绿卡”，就没有资格参与国内外竞争；标准化建设也可以说是我国农业的又一场革命。因此农产品也需跳“国标”，用标准控制质量，用质量赢得市场，在市场获得效益。

（二）服务好才有回头客

一般人或许会有这样的观念：一分价钱一分货。只有花大钱，才会得到优质商品或优良的服务。我们的创业者所要做的，就是打破这样的观点，让客户获得质优价廉的服务。这样看起来，或许利润有所降低，但从长远来看，对于企业来说是有百利而无一害的。

良好的服务态度会为创业者赢得良好的口碑，继而迎来回头客；冷漠的服务态度，造就的只是顾客的批判。金杯，银杯，不如老百姓口碑；金奖，银奖，不如老百姓夸奖。或许，优良的服务会使创业者的创业之路越走越宽。

三、采用现代营销策略

（一）转变营销观念

受滞后的营销观念影响，企业不了解市场，不接近市场、把握市场，对市场仅有一些模糊的认识，就会导致企业对市场需求量、需求品种的估计不足，甚至估计错误，往往高估了市场潜能。因此，企业要树立市场营销观念、社会市场营销观念、大市场营销观念、关系营销观念、绿色营销观念、网络营销观念等现代营销理念，来指导企业

营销和经营。

（二）提升品牌影响

品牌的内涵非常广泛，它确立的是企业产品在消费者心目中的形象。如果农业创业者的品牌意识不强，好的产品会找不到市场或者卖不出好价钱。没有品牌、没有特色就没有竞争力，就难以立足市场。有了品牌，农产品生产的持续稳定发展才有可能。因此要注意打造品牌和企业声誉。

通俗而言，销售就是卖产品，品牌就是卖更多的产品。文雅一点说，销售是卖功能利益，品牌是卖消费价值与文化习惯。一个是短期行为，一个是长期行为；一个是硬手段，一个是软手段；一个是实，一个是虚。这两者的目的尽管是一样的，最终是为了获得更大的销售（利益），但是做销售的仅仅是卖产品，做品牌的却是卖文化。产品总有更新换代的一天，文化可以延绵不绝。

（三）拓宽销售渠道

农产品总量供大于求，许多地区往往在丰收之年出现农产品销售困难的事，对农产品销售渠道进行分析研究，找出适当的办法提高销售渠道的销售能力，对于解决农民及其他各销售主体的燃眉之急、增加农民收入、促进农村产业化发展都有极其重要的现实意义。

我国的农产品销售渠道已经逐步呈多元化的趋势，除传统的农产品批发市场外，农产品零售店、农产品连锁店、农产品超市、专业销售公司等都渐渐在农产品销售渠道中占据了一定的地位。在农产品渠道不断多元化的趋势下，

农业创业者需要根据自己的经济实力、农产品品牌定位、创业者设立的远景，来拓展销售渠道。

四、应用创新成果与技术

农业创业者要紧紧盯住现代农业的创新成果，更多地应用新型技术、生产新型产品、提供新型服务。只有这样，才能创造出更多的效益，农业创业才会有持久的生命力。

（一）应用新型技术

通过新技术的应用，可以进一步达到降低成本、扩大销售、增加创业者收入的目的，并能为农业创业项目的可持续发展提供不竭的动力。

（二）生产新型产品

人们生活水平的日益提高和公众环保意识的强化对农产品品质提出了更高的要求，相继出现了无公害农产品、绿色食品以及有机食品这三类较为环保的农产品。这些新型农产品是现代农业发展的必然产物，同时也是农业创业者能够获得更多收益的保障。因此，农业创业者要采用适合市场需求的新品种，采用现代无公害的农业生产技术，生产出与众不同的新型产品。

（三）提供新型服务

现代农业的发展离不开现代服务业的支撑，农业创业者在提供服务的时候，要及时了解市场变化趋势，掌握最新信息，提供新型服务。同时，随着广大农户和企业对服务需求要求越来越高的趋势，要不断提高服务水平。

主要参考文献

陈勇，唐洪兵，毛久银，2018. 乡村振兴战略［M］. 北京：中国农业科学技术出版社.
宋发旺，尹文武，姜辉，2017. 现代农业创业［M］. 北京：中国农业科学技术出版社.